U0321237

Buy Bible

服饰单品
买搭圣经

摩天文传 著

机械工业出版社
CHINA MACHINE PRESS

会搭配并非驾驭时装的入门，会购买才是穿出自我风格的基础。单品是风格的组成个体，只有能根据自身条件选购正确的单品，你才有可能演绎出与众不同的美丽和优雅。可以说穿衣好品位是从"买单"好品位开始的。本书从最基本的基础单品入手，"从头到脚"地告诉你各种单品的采买秘诀，从买到搭，都有超凡的思路贯彻始终，让你从买到穿都绝不出错。

图书在版编目（CIP）数据

服饰单品买搭圣经 / 摩天文传著．－北京：机械工业出版社，2015.1
ISBN 978-7-111-48727-2

Ⅰ．①服… Ⅱ．①摩… Ⅲ．①服饰美学 Ⅳ．
① TS941.11

中国版本图书馆 CIP 数据核字（2014）第 282687 号

机械工业出版社（北京市百万庄大街 22 号 邮政编码 100037）
责任编辑：马佳　　　封面设计：潜龙大有
责任印制：乔宇　　　版式设计：摩天文传
保定市中画美凯印刷有限公司印刷
2015 年 1 月第 1 版·第 1 次印刷
184mm×260mm·12 印张·185 千字
标准书号：ISBN 978-7-111-48727-2
定价：42.00 元

前 言

　　一个普通人的一生中至少都会有五十套衣服，每套衣服又由很多件单品组成，而每一件单品与单品的组合又能够成为一套新的搭配。对于爱美的女生来说，可能她们的一生中会有五百套衣服甚至五千套，也许在这成千上万套衣服里，仅有几十套是她们的最爱。就连美国《VOGUE》主编安娜·温图尔在十七年的时光里，都有一款重复穿搭的鞋子陪伴，而相对于我们这些平凡人来说，选择经典的、时髦的或是喜欢的单品便显得尤为重要了。

　　成就一套拥有自己风格、令人赞不绝口的穿搭，不仅需要经过时尚文化的熏陶和历练，更重要的是要拥有或奢华耀目或低调典雅的时装单品，每一套经典或时髦的穿搭都将是不可复制的，只有掌握好这些时尚法则，才能让你变得更美。

　　想要成为穿搭女王、街头风向标或者时尚博主，没有那么几手真功夫是不行的，也许你会费心地每天从资讯网站寻找穿搭攻略，或者通过时装名人的博客来学习搭配，甚至连街上穿着时髦的少女也都不放过。想要学习？何须那么辛苦！一本经典的《服饰单品买搭圣经》会让你重新寻回自信，让你的穿搭之路不再迷茫。

　　创作这本书的作者是摩天文传——国内最好的女性美容时尚图书创作团队，他们常年为国内众多时尚杂志打造美容专栏，除了掌握一手潮流资讯之外，还练得一手制作图书的好功力。最佳团队的倾心创作，为读者呈现出简单实用的彩妆教程，给广大女性带来福音，让你变身时尚达人！

服饰单品买搭圣经

CONTENTS

073

Chapter 3
选择绝不失误的配件

159

Chapter 6
用对的单品驾驭每个场合

Chapter

最好的衣着方案
是从自己出发

　　女人总是烦恼找不到最适合自己的衣服款式，东挑西挑总是挑选不到称心如意的单品，可是你仔细想过原因吗？也许你的肤色会是你挑选不到合适衣服的主要原因；也有可能是你不了解自己的体型，让你错过了很多很好看的衣服。因此，从现在起要开始注意了，仔细寻找自己身材最好的地方，将它凸显出来，了解清楚自己的风格禁忌，从失败的搭配中吸取教训，由内而外改变你的气质与着装。

1. 了解自己的**肤色**

肤色和着装的协调是影响穿搭效果的重要因素之一，如果你对着满柜子的衣服实在无从下手，那么就先从你的肤色着手吧，看看你的肤色到底喜欢什么颜色！

肤色白里透红

肤色较白的人，适合的服饰颜色范围较广。穿淡黄、淡蓝、粉红、粉绿等淡色系列服装，都会显得格外青春，柔和甜美；穿上大红、深蓝、深灰色等深色系列，会使皮肤显得更为白净、鲜明。但肤色白不宜穿冷色调，否则会越加突出脸色的苍白。

另外，还可选较重的黄色加上黑色或紫罗兰的装饰色，或是紫罗兰色配上黄棕色的装饰色。黄色部分最好接近脸部，这样会使皮肤显得更鲜明、白净。

肤色偏黄

东方人的皮肤都呈黄色，这种肤色容易产生不够健康的印象。黄色皮肤的人，穿衣时尽量少穿绿色或灰色调的衣服，而且强烈的黄色系如褐色、宝蓝、群青、蓝紫色、橘红等上衣更是可免则免，以免令面色显得更加黯黄无光。使皮肤显得更黄，甚至会出现"病容"。

面色偏黄的女性，宜穿蓝色调或浅蓝色的服装，例如酒红、淡紫色、紫蓝等色彩，能令面容更白皙，而暖色、淡色也较合适，这样会使面部肤色更富有色彩。

3

肤色红嫩亮丽

脸色红嫩的女生，可选择淡咖啡色配蓝色、黄棕色配蓝紫色，红棕色配蓝绿色以及淡橙黄色、灰色和黑色等，穿这类衣服会有很好的效果。

面色红润的黑发女子，最宜采用饱和度较淡的暖色系，也可采用珍珠色、淡棕黄色、黑色加彩色装饰，衬托出健美的肤色。

肤色偏红艳者还可选用墨绿或桃红色的服装，也可穿浅色小花小纹的衣服，打造健康活泼的感觉。要避免穿鲜绿、鲜蓝、紫色或纯红色的服装。

4

小麦肤色

健康的小麦色肌肤与白色服装的相遇，能碰撞出非一般的搭配火花。拥有这种肌肤色调的女生给人健康活泼的感觉，黑白这种强烈对比的搭配与她们出奇地相衬，深蓝、桃红、深红、翠绿这些鲜艳色彩更能突出她们的开朗个性。

5

肤色黝黑健康

皮肤黝黑的人，宜穿暖色调的弱饱和色衣服，亦可穿纯黑色衣服，以绿、红和紫罗兰色作为补充色。还可选择三种颜色作为调和色：白、灰和黑色。主色可以选择浅棕色。紫罗兰配上黄色、深色或是红棕色、深蓝色配上黄棕色或深灰色，都可以。黄棕色或黄灰色的衣着会使脸色显得明亮一些，绿灰色则会显得红润；黝黑的皮肤给人运动感，适合搭配运动风格的休闲装。如一字领针织衫、尼龙外套、彩条 T 恤、连帽背心等。此外，条纹短袜、帆布运动鞋、牛仔休闲帽、尼龙双肩背包等配饰也是姑娘们最佳的搭配选择。

肤色黝黑怎么办
——巧穿衣服变漂亮

1. 晒黑的皮肤给人一种天生的运动感，最适宜搭配运动风格的休闲装。诸如一字领针织衫、尼龙外套、彩条T恤、连帽背心等，都是黑肤美眉的好拍档。当然除此之外，还少不了条纹短裤、帆布运动鞋、牛仔休闲帽、尼龙双肩背包等配饰。

2. 多数人都以为黑皮肤和白色服装是相互绝缘的，其实不然，帅气健康的黑肤美眉穿上白色服饰更能显出与众不同的个性风采。简单的白色短袖T恤加上蓝色翻边牛仔裤，平淡中穿出洒脱与自信；若以迷彩色上衣配穿白色七分裤，诠释的又是另一种甜美与清纯。

3. 黑肤美眉穿红色也会十分好看，但应注意不可大面积使用。一件红色背心、一双红色短袜，或者一枚红色发卡、一条点缀红色石榴石的项链，往往能起到画龙点睛、出奇制胜的效果。鲜亮的色彩衬托出健康的肤色。

4. 浅蓝色也可以成为黑肤美眉衣柜里的新宠，很有质感的浅蓝色风衣内穿上一件紧身横条连衣短裙，一定能把黑肤美眉的俏皮和成熟彰显得淋漓尽致。不要再担心自己的黑色皮肤啦，只管自信地笑吧！

5. 美眉的最爱还有永不落伍的图案，可是什么样的图案适合黑肤美眉呢？一般来说，大面积的亮色印花比较适合黑肤美眉，而细碎的素色印花就不要考虑了。

6. 黑肤女孩认为惹人喜爱的浅粉色既然不能穿在上身，那么就尝试着穿在下身吧，再搭配一件可爱夸张的圆点针织衫，让你像糖果般可爱，叫人禁不住多看一眼。

诀　窍

多层次穿搭展现年轻的流行感

侧重色彩、线条的衣着能够隐恶扬善。想要立刻展现时髦风格，那就从多层次穿搭下手吧！将细肩带加背心，裙子加牛仔裤，时髦的元素其实就是由简单开始的，将最简单的几项单品搭配在一起，也能成就出时髦的风格。

只有勤于练习才能成功

当你已经懂得掌握风格的变化时，衣着的细节就变得更为重要了。不同的肤色搭配不同的服饰颜色，例如现在流行的粉红色就有很多不同色阶的选择，而多层次穿搭非常流行的当下，也许多数人掌握了一个流行风格，却遗忘了色彩搭配的重要性，对颜色的敏锐度不高，搭在一起的颜色像四果冰或流浪汉，颜色错误，就算懂得了创造自我风格，但也算不上有品位。我觉得先以清爽的浅色为搭配主题，然后渐进练习，多照镜子，或者最好拿相机拍下自己试穿衣服的模样，一定能进步神速。用拍照的方法，对于衣着线条也能做一个好的分类规划。就拿西装外套来说，不同的线条也能展现不同的身体曲线，可以性感时髦，也能老气横秋。大部分时候衣着是能够显示身材的，如果能勤于练习，穿对了衣服就能扬长避短！

提　示

1. 蓝色短款上衣，收腰的提升设计，内搭黑色，经典的色彩搭配。

2. 把亮色放在上身，提升视角线，聚焦上半身，让个子矮的你看起来更显高挑。

3. 黑白本属于经典搭配，白色长款大衣，让你看起来更干练、成熟、稳重，一身素色搭配会让你的赘肉很好地隐藏起。

4. 灰色中长宽大衣，成熟洒脱，搭配一体的黑色，让你看起来窈窕而高挑。

5. 短袖格子上衣，把女人的精致与细致刻画得淋漓尽致，腰线的提升，让你的身材更傲人。

2.了解自己的**体型**并优化思路

你了解你自己的体型吗？许多热衷于打扮的少女，经常会有这样的疑惑。想塑造自己的着装风格，首先要了解自己的体型，然后评估、确定、发展你的着装风格，最后才是购物。只有明确了目标，你才能选到适合的款式并挑选到合身的服装。

H 形体型

H 形的体型特点：

H 形身材的女生臀围与腰围的差值小于 15CM，肩部与臀部的宽度接近，身体最突出的特征是直线条，腰部比较不明显，为 H 形的轮廓线。这样的女生骨架从小到大都有，脂肪均衡地分布在身体各个部分，或者在腹部周围。

着装建议：

1．应避免巨型、较短或贴身的上衣。

2．如果身材属于比较瘦的 H 形女生，可以利用加宽肩部与臀部的设计来修正体型。

3．如果身材属于比较胖的 H 形女生，那么在适当加强对肩部与臀部设计的同时，可以选择一些有腰线设计的服装。

适合的服装外轮廓：

H 形外轮廓的服装可以将粗壮的腰部有效地掩盖起来。

A 形外轮廓的服装便于塑造身体曲线，飘逸的裙摆有助于改变身体的直线感。

Y 形外轮廓的服装由于突出的肩部设计，可以创造出有趣的外轮廓线。

例外：如果是肥胖的 H 形体型，突显宽大肩部的 Y 形则会加强身体的肥胖感，因此不适合。

如果是较为消瘦的 H 体型，且腰围尺寸正常，可以选择。

X 形外轮廓的服装，其宽大的肩部与下摆有益于塑造理想的着装外观。

例外：如果是肥胖的 H 形体型，则不适合。

A 形体型

A 形体型的特点：

　　A 形身材的女生最主要的特征是臀大肩小，宽大的臀部，虽不一定胖，但是臀部的宽度比肩部宽。穿衣常常溜肩；小骨架；胸部是否突出不会影响臀部在整个身体中的作用；脂肪的分布不平衡，通常在臀部、腹部与大腿。

着装建议：

　　1. 避免穿着长及臀部最宽处的夹克和宽松的蓬蓬裙。合体的西装裙与直筒裤较好。

　　2. 臀部避免图案、贴口袋等设计元素。

　　3. 装饰品应位于身体的上部，使视觉注意力上移。

　　4. 垫肩、肩章、收腰、胸部贴口袋、胸部褶皱、宽大的领子都是适合的设计。

适合的服装外轮廓：

　　A 形外轮廓服装最容易穿着。因为很容易遮盖宽大的臀部。

　　X 形、H 形和 Y 形外轮廓服装都需要垫肩来调整肩部的宽度，以平衡臀部。如果臀部不是非常肥大，肩部经由垫肩调整后，X 形、H 形、Y 形外轮廓的服装都适合穿着。

O形体型的特点：

O形身材的女生最为突出的体型特点为圆润的肚子，腰部的宽度大于肩部与臀部的宽度；一般，O形体型的人都较为肥胖，通常胳膊与腿为正常尺寸；骨架从小到大都有，脂肪多存于腰腹部；大部分O形体型的女生穿衣也溜肩，胸部较丰满。

着装建议：

1. 避免插肩袖与底摆收紧的夹克衫。

2. 避免穿小一号的裤子勒紧腰部，也不宜穿过于贴身的服装。

3. 有垫肩的简洁合体的服装看上去较好。

4. 上下身颜色一致，垂直线的设计，合体的西装裙与长裤较好。

适合的服装外轮廓：

H形外轮廓的服装由于剪裁利落，肩部方正，因此适合O形体型。

A形外轮廓的服装使肩部显得溜肩，腹部与臀部重量加大，不太适合。

X形外轮廓的服装强调O形所不具备的细腰，因此不太适合。

T形外轮廓的服装强调O形所不具备的窄臀，因此不太适合。

Y 形体型的特点：

　　Y 形身材的女生宽肩窄臀，但是有腰；常常是中等到偏大的骨骼结构；臀部与腿部较为苗条；脂肪的分布不均衡，通常分布在身体的上半部。

着装建议：

　　1. 为了在视觉上缩短肩部、加宽臀部，插肩袖或无肩缝的衣袖设计较为有效。

　　2. 要选择简洁、宽松的上衣款式。

　　3. 避免穿着有垫肩、肩章或扩大肩部的衣服。

　　4. 当腰部比较纤细时，X 形外轮廓的服装较为适合，即合体的上衣与有裙摆的裙子。这样就可以让 Y 形看上去更接近 X 形。

　　5. 当腰部比较粗壮时，Y 形服装更加适合。

适合的服装外轮廓：

　　Y 形外轮廓的服装非常适合。还可以掩盖丰满的胸部。

　　A 形外轮廓的服装非常适合。

　　H 形外轮廓的服装容易让臀部变得与肩部一样宽，所以要尽量避免。但如果是飘逸流动的面料，则很适合。

3. 看到自己**最美**的地方

永远不要去抱怨自己的缺点和不足，要相信自己的美是独一无二，无可替代的。也许我们没有性感的唇部、精致的锁骨、俏丽的肩膀，但是我们有性感的胸部，雪白的背部还有修长的双腿，所以，请看到自己最美的地方，并把它展现出来，让别人忽略你的缺陷。

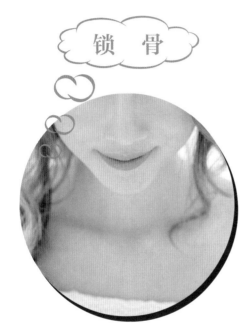

锁骨

肩膀

很多人认为，锁骨是性感的标志。对领口开敞的衣服而言，锁骨是衬托项链最好的背景，对高领衣服而言，锁骨是撑起肩部曲线最好的道具。

因此，如果你觉得你的锁骨很漂亮，可以尝试穿着带有一字领设计的服装，一字领设计的线条能与性感的锁骨线条平行，衬出美丽的锁骨，能展露出女人性感又文静的味道。另外，露背领的设计用两条吊带系于颈脖后，将两根锁骨在视觉上一分为二，把女人性感迷人的气质展露得淋漓尽致。

如果说鼻子是面部的五官之首，那么身体最重要的部位便是肩膀，肩膀能够决定一个人的精气神，因此拥有美丽的肩膀是极为令人羡慕的。挺拔的肩膀能让女性更具活力，同时在穿着衣服的时候能有更多的选择性。

最适合展露肩膀线条的服装便是无袖衫，穿着无袖衫能让你的肩膀全部外露，活力健康的线条能够一览无余，展现出动感的气质；同时也可以选择有吊带设计或者裹胸设计的衣服或者洋装，露肩的设计能够让女性的气质更加俏丽可人，同时给人的清爽感加倍，另外，斜肩设计的礼服也是可以尝试的，而且效果会令你更加惊喜。

胸　部

背　部

女人的胸部在着装上是一个很明显的视觉重心，因此如果你拥有挺拔傲人的胸部，就应该尽情地展露自己的线条。但是如今的时尚圈更流行比较扁平的胸部，在穿着更具设计感的衣服时会更显时尚感。因此，胸部的大小并不重要，选对适合自己胸部的衣服才至关重要。

那么，觉得自己胸部好看的女生该怎么穿搭呢？胸部较为丰满的女生最好能尝试穿着 V 领或深 V 领的服装，V 领的设计能把丰满的线条衬托得更加明显。裹胸的设计和偏男装设计的衣服虽然将丰满的胸部包裹，但是若隐若现的效果也是很不错的。另外，胸部相对来说比较扁平的女生穿着极具设计感的服装比如几何线条明显的衣服，也是一种时髦、经典的穿着方式。

拥有美丽的背部是所有女人的终极幻想，雪白净透，肩胛骨明显，线条清晰的美背，仅是想到就会令人感到非常兴奋。

如果你觉得自己的背部非常令你骄傲，请一定要把它给露出来，那么它的最佳拍档就是露背装，露背的设计将背部的衣服挖空，能让雪白性感的背部外露，而黝黑有光泽的皮肤在露背的设计下看起来也更加健康、性感。另外，背部绑带和镂空设计的服装也非常适合背部美丽的女生穿着，背部挖空的设计能隐约看到背部锁骨和雪白的肌肤，非常性感。

手臂

　　女生想要精致美丽，只注重整体而忽略细节怎么行？美丽、修长、粉嫩的手臂也要好好地展现。一双漂亮纤细的手臂给男生的好感度不亚于一双修长的美腿，它能够给你带来温柔婉约、恬静如水的女性特质。若你拥有一双美丽的手臂，那也不要吝啬它的美，请尽情展现！

　　想要展露漂亮手臂的女生有很多办法，首推的就是七分袖和五分袖上衣，它能将上臂遮挡，只露出修长细腻的前臂，看起来精神干练却不失优雅稳重，当然了，喜爱运动的女孩更可以大胆尝试无袖的上衣，它能将你的全部手臂裸露。纤细瘦长的手臂搭配正确的服装，会给人一种健康的感觉。当然不要忘记佩戴一些首饰，首饰能给你加分哟。

脚踝

　　在王祖贤主演的电影《倩女幽魂》里，小倩将蒐魂铃系在脚踝间，性感妩媚的风姿令众人陶醉。女生若能拥有美丽的脚踝和修长的双腿，必定能够大大地加分。

　　漂亮的脚踝必须要大方地展露出来，一双裸脚背的细跟高跟鞋最能够将女生性感的气质展露无疑，如若搭配七分裤或九分裤，那就更能展现女生干练又优雅的一面了。在脚踝间佩戴饰品也是不错的选择，选择一些细长有光泽的脚链是最好的选择。

腰 部

　　腰部的重要性，想必不用多说，众多美女们也能知道，拥有纤细的小蛮腰在选择服装和选择裤装上有着极大的空间，无论是露腰露脐还是高腰遮腰的裙装和裤装，都能让你的蛮腰尽显。

　　对于拥有漂亮腰线的女生来说，可以穿的衣服实在太多了，但是首推的款式必须是低腰短裙，低腰的短裙搭配短款的上装能够将纤细的腰身外露，同时短裙能将腿部的线条延长，让矮个的女生显高，高个的女生显得修长，动感且更具活力。另外，紧身的高腰裤装和裙装也适合拥有美丽腰身的女生穿着，虽然高腰的设计会将腰部遮挡，但是贴身的设计可以把腰身收紧，同时抬高腰线，这样的设计让女生显得更加挺拔、修长。贴身的旗袍和束腰的洋装也是非常合适的选择。

腿 部

　　一双修长紧实的长腿可以给一套平庸的服装搭配增添几分色彩，拥有一双美丽的腿能够让人更加自信，特别在夏日穿着热裤和紧身长裤时，更显风姿。

　　对于拥有一双美腿的人，适合搭配的裤装和裙装非常多，修长的双腿适合穿各种超短裤和紧身的低腰裤，双腿纤细的女生可以选择短裙或者中裙，这能让纤细的双腿更加漂亮。另外，穿着一些特殊材质制成的裤子也会带来很多惊喜。

4. 找到自己过去穿衣搭配的**失败案例**

不要再去羡慕街上那些时髦的美眉们出色的穿衣搭配,没有任何一个时尚穿搭高手的品位是与生俱来的。一套套锦衣华服的背后无不充满着错误的搭配,所以,赶紧打开衣柜,看看你曾经有过哪些失误的搭配吧。

错误穿搭 *1* 舒适着装却配错裤子

白色上衣搭配宽松的蓝色宽松分裤,让人看起来休闲感十足,再搭配一双黑色的漆皮凉鞋与袋包,显得既时尚又舒服。触感柔软的皮质长裤替换蓝色的九分裤,会让全身的搭配极其不协调,也不休闲。

错误穿搭 *2* 违背同色系法则

学会穿搭正确的服装,不仅要考虑到风格的匹配和材质的匹配,还要考虑到色彩的匹配。这款带有民族特色的绿色系穿搭极难配色,因此搭配同色系的裙装才是正确选择。如果选择黑色短裙,将身材一分为二,则会让人觉得服装搭配主次不分。

错误穿搭 **3** 忽视印花元素一致的重要性

　　在穿着有印花元素的衣服时，最担心的便是在身上出现多种印花元素，因此，为了避免印花元素的繁杂，最好的办法就是全身只出现一种印花元素，或者全身出现大面积同样的印花元素。最糟糕的莫过于两种不搭调的印花元素同时出现。

错误穿搭 **4** 违背服装的廓形法则

　　服装的轮廓往往是美化身材最重要的办法，如果没有掌握好服饰廓形的重要性，再曼妙的身材也会很难展现。宽松的T形上衣搭配与上衣宽度相匹配的链饰短裙，显得简单、优雅。但如果换成无袖收腰的上装，整个服装的轮廓就会下拉，让人显得非常矮小。

错误穿搭 **5** 高跟鞋的错误搭配

　　一套裙装搭配的精彩程度往往是由高跟鞋来决定的，一双合适的高跟鞋能让你万众瞩目，否则便会让整套搭配不协调。这条简单素雅的长裙领部的细节已经足够精彩和出挑，因此高跟鞋只是作为一个功能性的配饰，不应该再选择繁复的款式。

错误穿搭 **6** 服装整体材质不协调

　　决定一套服装搭配是否正确，服装材质的组合是非常重要的。用丝光棉与棉麻组合的上下装能够互相衬托材质的质感，发挥出 1+1 大于 2 的品质感，而如果换成棉质的上衣，则会看起来简单、乏味又显廉价。

错误穿搭 *7* 服装风格不统一

　　服装风格的统一才是完美搭配的至高法则。虽说混搭有时候能够使穿搭更精彩，但是混搭也往往容易让你错漏百出。简单的波普低胸上衣搭配风格相匹配的中裙，显得艺术感十足，但若换成了这条白色的卡通风格的短裙，则会让你的穿着风格混乱不堪。

错误穿搭 *8* 将混搭变乱搭

　　混搭是时下最受欢迎的穿法，既省钱又环保，但是，混搭必须有度，否则就会成为乱搭。正式的西服混搭休闲舒适的白色内搭，显得舒适、时髦，但如果将内搭换成一件民族风的刺绣衬衫，则会让人看起来眼花缭乱。

5. 了解自己的风格禁忌区

面对款式时髦、颜色俏丽、花样繁多的服装款式，谁能不心动？充满未来感的前卫风、利落的简约风、率性的欧美风、宽松的嘻哈风、甜美的日系风，谁不想一一尝试？但是要知道，每个人都因为自己的肤色、相貌、身材的不同，会有各种各样的风格禁忌，不是所有的风格都能往自己身上搭，因此需要仔细斟酌适合自己的风格。

禁忌 **1** 前卫风

禁忌 **2** 简约风

想要走在时尚潮流的尖端，如果不穿几件 Alexander McQueen 设计的衣服，你都不敢说自己是前卫的时尚达人。怪异的高跟鞋、线条复杂的服装，在平常的生活中看起来会非常怪异，因此前卫的风格穿搭应该点到即止。

简约时髦的风格在时尚潮流中永远不会褪去光环，简约的造型能让人看起来更加干练，同时也能搭配更多的日常服饰。但是很多人误解了简约的概念，简约应该是服饰的设计和穿搭简约，而不是简单的穿搭。

禁忌**3**
欧美风

禁忌**4**
嘻哈风

与纯正的欧美风不同的是，嘻哈风更多的着装灵感和风格特色来源于黑人，他们喜欢身着宽松和浮夸的服装，各种金色饰品也是他们的最爱，而且头顶一个棒球帽更是必不可少的。但是对于国内女生而言，这种过于浮夸的装扮很可能会让其看起来过于做作和怪异。

欧美明星的日常穿搭和欧美时尚博主的服装搭配已经成为了众多少女在日常生活中的模仿对象，但是相对于大部分亚洲女生来说，娇小的骨骼和不够高挺的身材是很难驾驭欧美风的。

禁忌**5**
日系风

禁忌**6**
韩流风

相对于欧美风对于女生的身材要求高的问题，日系风格就很适合中国女生。日系风格更偏向于清新甜美，服装风格也多有层叠感，同时也略微繁复，而且花样层出不穷，经典的森系风格和涩谷风格都极具影响力，但是这些风格目前在国内并未完全受到"待见"。

这几年韩流风大刮，韩流风格的着装也开始受到国内女生的注意，但是所谓的韩流风并不纯正。韩国的时尚风格走向仿造了欧美风格，再加上部分媒体的渲染，让人误以为这就是韩流风。因此，韩流风格的服装与欧美风格的差异并不大，对身材的要求也较高。

帅气干练又略带中性的朋克风和哥特风绝对是喜爱出风头和异类少女们的最爱。全身黑色的搭配酷炫神秘，哥特式的烟熏眼妆绝对能让你出尽风头，可是这些元素掌控不好的话，会很容易让你变成一个脏兮兮的"小伙子"。

民族风的着装穿起来极具特色和异族风情，众多爱美少女的衣橱绝对少不了几件有民族风特色的衣服。但是，如果民族风搭配不好的话，会让人感觉非常恐怖，全身的民族风搭配可能会让路人觉得你很"土"。

6. 培养属于自己的穿衣气质

不要再去羡慕街上那些时髦的美眉们出色的穿衣搭配，了解自己的肤色、身材和风格，培养属于自己的穿衣气质吧！

简约时髦的
"一件套"

简约时髦的单件洋装绝对是你打造自己穿衣气质的杀手锏，穿着这类款式的洋装能够让你避免繁琐的上下装搭配，可以给你更多的搭配首饰与鞋品的空间，让你打造出简约、时髦、永不过时的穿搭范本。

永恒经典的
"套装穿搭"

香奈儿女士曾经说过："当你不知道穿什么的时候，穿香奈儿套装就对了。"这句话永远镌刻在了每一个"时装精"的心里，但又有多少女生能将它奉行到底？永恒经典的套装也是不过时的穿衣搭配，并且极不易出错，是保守女生的最好选择。

不落俗套的
"极简搭配"

    没有人可以拒绝极度简约，极度舒适，极度自在的极简搭配。掌握时装穿搭的最高境界便是能将最简约的衣服穿出简单、随性，但又看似精心搭配的感觉，极简风格的搭配永远不会被时尚潮流所淹没。

让人回味的
"多姿裙装"

    裙装经过几百年的发展已经完全成了女性独有的展现曼妙身姿的无上法宝，它能将女人的胸线、腰线、臀线打造得凹凸有致。一袭美丽多姿的裙装能使女生更加妩媚时尚。

酷炫神迷的
"朋克气质"

酷炫帅气的朋克打扮绝对是另类女生的最爱，自从 Vivinne Westwood 在 20 世纪 90 年代掀起了朋克的热浪，全球的时尚圈出现了这一朋克新贵，颓废帅气的朋克穿搭将女性脆弱美丽的气质无限放大，给人一种混合的美感。

狂野不羁的
"摇滚女郎"

没有人能拒绝摇滚的诱惑，摇滚可不是男人的专利，着装摇滚风格的女性，更是能将自己狂野不羁，内心狂野的那一面爆发出来。每一个狂野不羁的摇滚女郎都是一个有故事的人，而每一套摇滚的搭配，都将有一个狂野不羁的故事。

甜美干净的
"日系清纯"

相对于亚洲女生来说，想要驾驭那些高难度的欧美风格派系的着装确实是要下一番工夫，但是入门门槛相对较低的日系风格，绝对是亚洲女生寻找自己穿衣气质的最好办法。

青春热情的
"运动少女"

要是你受不了做作无比的裙装，又不喜欢过于严谨的极简搭配，或者是驾驭不了摩登又狂野的朋克风和摇滚风，那么最简单的运动着装绝对是你首先要尝试的穿衣风格。

玩世不恭的
"嬉皮少女"

玩世不恭也同样有章可循，嬉皮少女们也有自己的穿衣法则，看似胡乱的穿着其实极富趣味，把自然随性不做作的洒脱性格淋漓尽致地表现出来。

神气自信的
"OL 女郎"

每天在办公室里"征战"的女生们，可不能穿得那么性感和狂野哦。过于女性化的穿着会让自己在工作中处于劣势。只有好好地武装自己，让自己变得非常专业和自信，才能直面繁重的工作哦！

古古怪怪的
"极客少女"

　　简单朴素的格纹衬衫，素雅的黑色长裤，还有略显沉闷的平底鞋都是"极客女"的最爱，再配上一副质朴的眼镜，那会显得更加有意思。如果想要尝试点新鲜的感觉，"极客"装扮则是最好的选择。

硬朗粗狂的
"狩猎女郎"

　　早在 1969 年 9 月，设计师圣罗兰先生创造了当时极具个性的着装风格，"狩猎风"的灵感来源于非洲草原，色彩风格多为草绿色、军绿色和迷彩，后被用为军旅风格的着装。如果女生想要尝试一下硬朗的"狩猎风"的话，一件军绿色的双排扣能帮你大忙哦。

7. 个人风格的蜕变与飞跃

香奈儿曾说过: "潮流易逝,风格永存。"无论是再美的手袋,再精致的高跟鞋,还是再时髦的衣服,都可能会抵不住岁月的侵袭,变得过时变得陈旧,但其风格不会改变。经典的风格能在潮流中屹立不倒,永远为人所铭记。也许你已经准备好了,你现在离个人风格只有一步之遥,那么,现在请想一想你还差哪一步?

1 色彩的飞跃

色彩是整体形象设计中最为重要的要素之一,而且也是一个人心理特征最直接的外在表露。当然,要更加注意根据个人的肤色来选择色彩,不要为了追求流行而忘记了与肤色相排斥的色彩。挑选与自己相衬的色彩,能让你的个人风格更加鲜明,更加夺目。

2 个人自身风格的飞跃

风格是个人整体形象最直接的体现,是一个人的内在修养、气质、思想、文化与外在长相、神情、动作综合作用的结果。因此,仅做到搭配时髦的服装是远远不够的,还需要长期有计划地锻炼自己的身体,让自己的身材变得更完美,不断地去阅读,让自己内心更加充实、更加智慧,而不是做一个没有灵魂只有躯壳的漂亮洋娃娃。

3 TPO 原则的飞跃

T(Time)即是时间。包括季节、时代、空间等因素。不同的时代(古代、现代)、不同的季节(春、夏、秋、冬)、不同的时间(早晨、中午、晚上)都有着不同的形象特点。

P(Place)即场所。包括环境、背景。在娱乐、社交等场所应塑造不同的形象,以与环境相统一。

O(Objective)即目的,包括目标。人们做每件事情都有自己的目的。在设计整体形象中,如何做到角色定位是塑造形象的关键。

因此,必须给自己定位准确,有针对性地塑造自己的风格,这样才能更加鲜明,更加有特点。

4 改变形体的飞跃

人的形体是其服饰搭配效果的载体,美化个人形体是形象设计的基本作用之一。服饰、发型和妆容是个人形象的外在形式。所以必须确定如何选择最适合自己形体轮廓的款式。明确自己的形体,找到自己身材的缺陷,努力去改变它或者去修饰它,这样才能做到百分之百的完美。

5 质感与量感的飞跃

妆容及服饰能体现其整体形象的质量和感观的高贵。不同质感和量感的服饰，有不同的特点。如服装的选择，丝绸柔软、光滑、有光泽，能显出一个人的富丽、高贵；皮革质地坚硬、能体现出坚强，阳刚之美。

6 服饰佩戴的飞跃

服饰配件可以增添一个人的魅力，但是选择不当也能破坏原有效果，在整体形象设计中，饰品可谓有"画龙点睛"的作用。合适的服饰配件造型与色彩可以提高其档次，增添仪容光彩，显示出一个人的文化品位和审美倾向。

7 发型的飞跃

发型是整体形象设计的重点，是整体形象设计中最为重要的组成部分，能使整体形象更加统一化、完美化，是整体形象创作最能表达主题的要素。发型设计必须以脸型、头型、举止、气质为依托进行设计，以符合整体形象的审美规范。

8 妆容的飞跃

妆容可以最直白地解决爱美人的面子问题。为了使自己的整体形象达到最完美的效果，一定要根据不同的环境、不同的职业确定不同的化妆风格。只有美丽的妆容才能给你时髦的形象大大加分。

9 谈吐的飞跃

一个完美的女生，除了有完美的身材、美丽的妆容、合身的服装以及出色的工作表现以外，有格调有品味的谈吐是成为一个完美女生的必备条件。优雅的谈吐可以使你在工作中更加地自信与自在；在与异性相处中，优雅的谈吐能够为你赢得异性的芳心；在与长辈交谈时，优雅的谈吐能够帮助你获得更多的信赖与好感。

8."由内而外"改变气质

再精美的蛋糕都有最佳赏味期限，再漂亮的女人也逃脱不了岁月的"无情魔爪"。也许我们斗争不过时间，但我们绝对可以冲破人老珠黄的怪圈，用由内而外散发的优雅气质获得人们的关注及肯定。做知性女人，年龄不是障碍。

由内而外地改变气质，最好的方法便是阅读，经过长时间的阅读与历练，美丽优雅又极具个性的气质才会展现出来。而最直接的方法，就是去听听那些时装大师、时尚达人是如何诠释气质的。

听听她说的

我不希望自己在男人心目中的分量仅仅是一片羽毛。

时髦并不仅仅停留在衣服上，它是在空气中的，它是思想方式，也是我们的生活方式，是我们周围正在发生的事。

女人无论到了什么年龄，如果没有人爱，就只能算是一个失败的女人。

忙碌起来才能使你的分量加重。

永远简单，绝不多余。

感觉自己被奢侈品包裹的女人，必定会散发光芒。

服装的真正目的不在于修饰外表，而是展现你的本质。

我需要与众不同，而且无可取代。

香奈儿品牌创始人 Coco Chanel

听听他们说的

女鞋王国品牌
Manolo Blahnik
创始人——Manolo Blahnik

　　穿上高跟鞋，你就变了。

——Manolo Blahnik

传奇品牌
Christian Lacroix 创始人
——Christian Lacroix

　　我认为，优雅不是要传达低调，而是要抵达一个人非常精华的层面。

——Christian Lacroix

20 世纪最有名的设计师
——Elsa Schiaparelli

　　永远不要让衣服去适应你的身体，而要训练你的身体去适应衣服。

——Elsa Schiaparelli

时尚界的天才设计师
——Marc Jacobs

　　我喜欢把世界上最日常和最舒服的事物变成最奢华的东西。

——Marc Jacobs

迷你裙之母
——Mary Quant

　　时尚女人穿衣服，不是衣服穿她。

——Mary Quant

殿堂级婚纱品牌
Vera Wang 创始人
——Vera Wang

　　时装很重要，就像所有能给予你欢愉的东西那样，它能提升你的生活，它值得你去精益求精。

—— Vera Wang

伊夫·圣罗兰 给女生的忠告

穿衣打扮是生活的一种方式。

所谓漂亮女人，就是着黑色筒裙，黑色高领衫，臂弯里挽着自己心爱的男人。

你必须以幽默的态度看待时尚，凌驾于时尚之上，相信它足以给生活留下印记，但同时又不要笃信，这样，你才能保持自己的自由。

一个没有找到自己风格的女人，感受不到衣服带给她的轻松自在，不能与它们融为一体，这种女人是病态的。

优雅不在服装上，而是在神情中。

轮廓不值得让我们付出一切，永远不应让其负担太重。

线条之优雅首先取决于其结构的纯洁和精致。

难道雅致不会完全忽略一个人的穿着？

Yves Saint Laurent 创始人 Yves Saint Laurent

无可替代的经典

1 崇尚极简的 Calvin Klein 品牌创始人
——Calvin Klein

穿上男友的 T 恤和内衣的女性，有一种令人难以置信的性感。

2 售卖高雅生活方式 Ralph Lauren 品牌创始人
——Ralph Lauren

我设计的不是衣服，我设计的是梦想。

3 华丽的巴洛克风 Versace 品牌设计总监
——Donatella Versace

时装代表着愉悦和幸福，它是好玩的，它很重要，但它不是药方。

4 朋克西太后 Vivienne Westwood 品牌创始人
——Vivienne Westwood

我认为艺术就是控制，是控制与失控的交界处。

5 精致的帝国 Giorgio Armani 品牌创始人
——Giorgio Armani

牛仔裤象征着流行的民主风格，与流行之间的不同在于质量。

2 Chapter

成为自己衣橱的
服装买手

也许你已经发现了自己衣服搭配不好的秘密，同时也在努力地改正，但是，这还远远不够！你是不是已经被网上那些繁复的单品介绍或是代购卖家搞得眼花缭乱？自己的衣橱要自己做主！大到风衣、包包，小到鞋履、首饰，全部要自己一手包办。自己最喜欢的，最适合自己的，统统都要手到擒来！

1. 搭配重点和品牌设计

每一季时装周上的品牌发布可以说是时尚界人士的首要任务，它是人们了解潮流趋势和品牌特点的渠道，是延展自己衣装风格的途径。时装周上总是出没着各方天马行空的理念，就像人们对自己的定义：没有做不到只有想不到。

A. 半裙

每个季节都有属于这个季节的裙子长度，但中长裙却能通杀四季，剪裁良好、比例适当的中长裙不但不会加剧你的轮廓臃肿，而且能延长和升华你的优美线条。

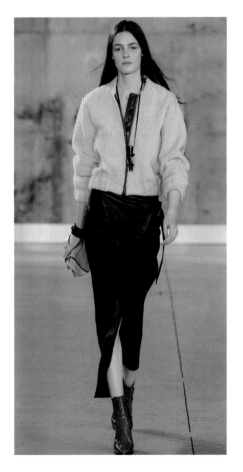

着装建议：芭蕾舞平底鞋、休闲鞋、长短靴都非常适合。

参考品牌：Jean—Charles de Castelbajac, Derek Lam, Rabih Kayrouz, Véronique Leroy, Max Mara, Rochas

B. 童话连衣裙

公主梦是每一个女生永不凋谢的幻想，浪漫长裙总能冲破恼人的迷雾，为世界注入温柔。

着装建议：透明、半透明或拼接设计的长裙，搭配高腰底裤、高跟鞋更是无懈可击。

参考品牌：Dolce&Gabbana，Michael Kors，Alexander McQueen，Valentino，Christian Dior，Matthew Williamson

C. 率性裤装

　　白天和黑夜，粗放和细腻，单纯和神秘，女性的裤装带来的矛盾启示让人无法抗拒。

　　着装建议：同色系、跨色系的搭配都有各自的精彩，可以富有层次感但切勿繁琐。

　　参考品牌：Christophe Lemaire、Giorgio Armani、Jil Sander、Diesel、The Row、Michael Kors、Victoria Beckham

D. 印花单品

　　印花图案几乎没下过时尚舞台，即使从头到脚被深浅粗细的印花覆盖，也不会产生突兀的感观效果。是否要矜持地展现它，那就看你的选择了。

　　着装建议：印花图案是造型的亮点之一，在日常生活中，从衣装到配饰都可以尝试。

　　参考品牌：Balmain，Jeremy Scott，Nicole Miller，Gucci，DKNY，Tom Ford，Prada

2. 上衣篇—风衣

在多数情况下，它中性的穿衣属性，宽松的衣服结构，随性大方的取色搭配，使其成为寒流天气里出镜率极高的造型单品。更让人欣喜的是，它根本不会刁蛮挑剔任何身高、任何年龄、任何肤色的女性。

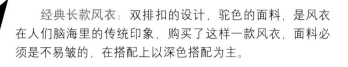

1 经典长款风衣：双排扣的设计，驼色的面料，是风衣在人们脑海里的传统印象，购买了这样一款风衣，面料必须是不易皱的，在搭配上以深色搭配为主。

2 蕾丝束腰风衣：白色蕾丝面的设计，赋予了这件衣服特有的柔美，束腰的设计更是凸显了曲线。这款风衣会比较贴合身体，在购买时要注意蕾丝面的材质，内搭中性点会很好看。

3 运动风衣：充满健康元气的款式与色彩，作为出街搭配来说也是非常个性与帅气的。因为其通常以轻便的形象示人，购买时需注意面料是否防风防水，混搭男友风服饰会很适合。

4 收腰翻领风衣：明确的走线、黑色的拼接勾勒出严谨的线条，高翻领的设计颇有《律政俏佳人》中艾丽的风格。在购买时需注意呢子料的厚度，以稍薄的面料为宜。

5 超杀女风衣：乌黑的配色带有一股酷劲，黑色皮革的包边低调却暗藏心机，腰部的拉链设计仿佛随时会拿出把机枪扫射。在购买时面料必须防皱，没人喜欢看着皱巴巴的痕迹。

6 拼接款风衣：牛仔布天生的率性拼接着冷峻的皮质面料，黑色的连帽更给人一种随时神秘隐匿的可能，拉链的直截了当平添了几分霸气。拉链作为整件风衣的关键设计，在购买时需注意其质量。

3.上衣篇—西装

正式场合中传统的严谨的服装随着时尚圈的发展，已不再只是具备单纯的礼仪功能。干练与帅气没有减弱，反而因为设计师的才情，出乎意料地多了几分爽朗。在如今的女人衣橱，西装的存在就像裤子一样不可或缺。

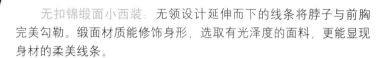

1

无扣锦缎面小西装：无领设计延伸而下的线条将脖子与前胸完美勾勒。缎面材质能修饰身形，选取有光泽度的面料，更能显现身材的柔美线条。

2

蕾丝叠印花小西装：妩媚的蕾丝覆盖在生动的印花之上，朦胧了印花的锐利感，却增加了神秘的气质。在购买时需注意西装的长短，短款设计会更显精致。

4

千鸟格束腰毛边小西装：千鸟格的敦厚感在粉色与束腰设计的作用下变得轻柔许多，边缘的毛边有一种部落感，柔美而不失刚强。在购买时需要注意布料的真实厚度，因为过于厚重的话，束腰的部分有可能会变得繁缛。

3

印花中袖圆摆小西装：密集排列的圆形印花略显俏皮，圆摆的设计也可爱活泼，适合搭配中和干练职业装或是小洋装。在购买时需要注意搭配，因为不同的印花可能赋予衣裳不同的气质。

5

白色黑领小西装：此款西装不仅简约时尚，而且个性端庄，黑色的扣子在偌大的白色布面上增添了几分俏皮。在购买时需注意扣子的有无和排列，因为这影响着衣裳的严谨程度。

6

经典单扣黑色小西装：经典款的设计需要以别致的细节来取胜，黑色布料上闪烁的银光像极了布满星星的夜空，时尚的宝蓝色缀边颇有灵动之美。在购买时要想兼具经典与个性，就要挑选有细节设计的款式。

4. 上衣篇—毛衣

关于毛衣，我们似乎自打出生以来，就习惯穿着它。穿着穿着就长大了，穿着穿着就老了，每次当领口贴上颈脖，就会产生一种动漫里变身的神气，气质也自觉清新脱俗。纵观时尚界，这一产物也仿若一位魔女，既能长生不老，又能千变万化。

1 织花圆领毛衣：在毛衣的视觉呈现上会有不同的花纹，有的只是略有凹凸，有的则是立体雕塑。在购买时需要注意毛线材质，因为这关系到花纹呈现的质感及其如何保持。

2 混纺七分袖短款毛衣：这类毛衣拥有非常个性的花色，别看它没有玲珑的曲线，但在搭配中却能做出使之发光发亮的加法，适合在春秋穿搭。购买时需注意其弹性与触感，再结合自己的身形与过敏源进行综合考虑。

3 系扣毛衣：在钩织的纹理上较为经典，通常是与衬衫搭配，走英伦学院风格。它看似松垮的造型却也能打造出从度假休闲到摩登高端的不同感觉。在购买时注意线与线间的密合度，这关系到搭配的气候。

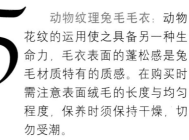

4 卷边宽领毛衣：宽阔的领部线条能将脖子与肩膀的质感充分展现，卷边设计亦能透露一丝随意知性的气息。在购买时需注意卷边的部分，微卷才会有情调。

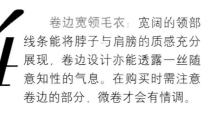

5 动物纹理兔毛毛衣：动物花纹的运用使之具备另一种生命力，毛衣表面的蓬松感是兔毛材质特有的质感。在购买时需注意表面绒毛的长度与均匀程度，保养时须保持干燥，切勿受潮。

6 格纹拼接毛衣：棉麻组合钩织的格纹在视觉上是经典图案，在质感上偏向低调奢华，衣袖和缩口的拼接平添了运动的元素。在购买时需注意拼接材质的融合度，虽然提倡创意但亦需注意尺度。

5.上衣篇—衬衫

　　衬衫，于通俗意义而言的确是一件遮体的装饰物，但于岁月而言，它似乎承载了太多人的回忆，是父亲严肃的白衬衫，是男友温暖的格子衬衫，是小心翼翼守护的那份率真……不管如今的女式衬衫款式如何变换，它所展示的女性都是不会让人失望的。

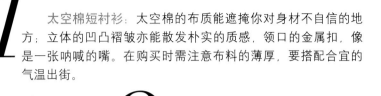

1 太空棉短衬衫：太空棉的布质能遮掩你对身材不自信的地方；立体的凹凸褶皱亦能散发朴实的质感，领口的金属扣，像是一张呐喊的嘴。在购买时需注意布料的薄厚，要搭配合宜的气温出街。

2 民族印花长袖短衬衫：独特的民族印花赋予了别样的风情，高耸的尖领直击人心，肩胛的褶皱柔情似水，短短的衣摆拉高腰线。购买时需注意印花的配色，避免因过于繁复的花纹而产生累赘感。

3 日式开襟衬衫：彩铅画的花束簇拥在黑色布匹上，无论是开襟、宽衣袖还是印花风格，都有日本小清新的味道。在购买时需要根据自己的肩宽来选择，肩宽的女生需要长款来修饰线条，反之则要选择短款。

4 蕾丝拼接衬衫：这一款设计有种偏书卷气的感觉，衬托出知识青年的复古气质，蕾丝的拼接部位让肌肤裸露得恰到好处。在购买时需要根据自己的胸型进行选择，平胸的女生可以通过内衣的选择来出彩。

5 暗扣无领衬衫：无领的设计让颈部线条完整地展现，简约的黑线条大白格，率性洒脱；暗扣的设计低调，但压边的设计非常出彩。在购买时需注意布料的材质，雪纺的隐约感更合适身线的展现。

6 拉链无袖衬衫：栩栩如生的丛林工笔画印花，非常有艺术家的气质，为雪纺布料的轻盈垂坠平添了几分仙气，拉链的设计亦是别出心裁。如果你的身材比较丰满，那么，对于这类设计要慎选。

6. 上衣篇—T恤

  作为衣橱里面出镜率最高的搭配单品，T恤是多么让人舒服，令人欢喜。它可以陪你走过春夏秋冬，亦可以陪你观赏草木天晖，它就是你最朴实的朋友。穿上它，一天的心情都不会太差，因为它所展示的是平静与淡然而不是跌宕起伏的故事。

1

前短后长T恤：前短后长的设计让原本普通的背心T恤增添了时髦的感觉。搭配纯色的打底裤，简单又大方。在购买时要根据T恤上的其他设计做搭配，比如说不规则的下摆，或是镂空的设计等。

2

条纹T恤：经典的细条纹拥有无限延伸感，明暗交错有着独特的戏剧性，给人无限回忆。在购买时需要注意面料的收缩性，若是贴身高弹性的布料，条纹就会变形，那便是另一番味道了。

3

蕾丝镶胸襟插肩T恤：蕾丝与棉布，是神秘与朴实的结合，尤其是胸襟的毛边设计，更是多了几分野性。购买这款设计时，要注意蕾丝花纹、颜色与棉布的颜色搭配，因为稍有不慎就会降低衣服的档次。

4

文化T恤：这是最常见的T恤设计，将或生活或艺术的元素图案注入T恤，渐强的生命力让你充满活力。在购买这样的T恤时，只要注意好肤色跟颜色的搭配就好。

5

3D印花太空棉T恤：作为科技发达的产物，印花自然是街头时髦的代表之一，短款设计更是提高了对腹部线条的要求。在购买之前只要有充足的自信来展现自己的腰部就可以了。

6

五分袖花朵T恤：非常简约清新的文艺范，无论是宽松的袖口还是下摆小开衩的花朵型模样，搭配裤子、裙装都合宜。在购买时需要根据服装的材质选择适合自己的尺码。

7. 下装篇—铅笔裤

　　没有一双美腿愿意放弃如此展示自己的机会，贴近肌肤的布料毫不吝啬地描绘出双腿最自然的线条。穿上它，走出门，踏上街，它就有那么一种魔力，让你的视线舍不得离开。

1

丹宁猫须铅笔裤：丹宁是永不过时的元素，几处猫须样的刮痕有着时间留下的印记感，骷髅头的铆钉细节酷劲十足。在购买时最好能试穿，因为丹宁的版型单只看外表是不行的，适合自己才是最重要的。

2

格纹西装布铅笔裤：灰色的典雅端庄，被格纹的俏皮中和了，立体的裁剪更是修饰了腿部线条。因为格纹有放大的效果，所以在购买时要明确自己的腿部线条。

3

漆皮趣味印花铅笔裤：哑光色泽的黑色漆皮上缀满趣味印花，裤脚的拉链设计亦可以轻松折出俏皮的小裤腿。黑色虽然显瘦，但漆皮的哑光色泽对腿型的要求还是很高的，膝间距太大的话，两膝之间的距离则易被放大。

4

糖果色铅笔裤：此款铅笔裤以薄款居多，是度假、出街的标准配备。显而易见的车线对于整体搭配来说亦有点睛功效，所以在购买时要观察它的车线细节，尤其是属于亮色系的糖果色铅笔裤。

5

印花铅笔裤：生动的印花在修长的裤面上，会使双腿增添不一般的生命力，为美腿抒写的故事提供多样的素材。由于印花的较大色块，所以腿型偏粗的女生就不要选择这一款铅笔裤了。

破洞铅笔裤：膝盖处的破洞是韩风日下盛行的设计款式，不羁的率性于此清晰可见。但这款铅笔裤毕竟会裸露肌肤，如果腿部皮肤状况不乐观，则要慎重选择。

6

8. 下装篇—热裤

酷热难当的盛夏街头, 紧翘的臀线、俏皮的长腿, 自然是热裤的主场。微凉清爽的初秋绿壤, 喷张的细胞、健康的元气, 定敌不过热裤的包裹。迈出的步伐是否自信, 迸发的跳跃是否生动, 创造的幸福是否浪漫, 让热裤来告诉你。

明亮印花热裤：明亮色彩的印花非常生动活泼，是减龄的最好选择，在搭配上也可以配以同样有减龄效果的浅色 T 恤或者衬衫等。在购买时注意裤面的工整性就好，因为过多褶皱会降低质感。

缎面薄纱热裤：缎面绸布的裤面，内衬下藏着薄纱的小心机，裤面的嵌珠设计惹人喜欢。这类有细节设计的热裤，在购买时要注意嵌珠是线缝的还是胶合的，线缝的会比较好修补。

手工珠饰毛边热裤：深灰色的丹宁布本身就非常令人欢喜，手工珠饰的加入更是让这款热裤大放异彩。因为热裤的包裹性，所以要确定好珠饰的黏合方式，像铆钉，若是钉扣的，一来感觉沉重，二来易让肌肤有黏感。

破洞丹宁热裤：街头个性女生的形象立马显现，破洞的设计带着一丝不羁的性感态度，搭配上没有特别明显的禁忌，选好鞋就可以了。在购买时主要看背面的长度，看看会不会容易走光。

经典黑色热裤：黑色热裤是衣橱必备款。因为这一款的设计较为简约，所以想要出彩打扮的话，就要在其他方面下工夫了。在购买时要注意布料的粘毛度，因为这实在影响美观。

收缩裤带热裤：松紧带的设计非常有童趣，束腰的裤带颇显俏皮，简约的表面设计清爽自然，在搭配上各款 T 恤都很有型。在购买时需注意它的表面设计，另外收缩带的束腰设计不宜复杂。

9. 下装篇——A形裙

　　在时尚圈，无论盛暑还是凉秋，能打倒顽固大屁股的英雄就是A形裙，不用包裹得太严实，亦可以漂亮地打个胜仗。摩纳哥王妃仪态典雅端庄，亦不乏惊艳，性感的小蛮腰也被衬托得气质出众，其最为经典的造型便是收腰的大下摆A形裙。

拼接束腰 A 形裙：宫廷印花与个性格纹的拼接为整款裙子增色不少，彰显个性的设计是热血女生的心头爱。在搭配时注意不要再采用其他大色块拼接的衣服了。购买拼接款时注意布料的材质即可。

浮雕印花 A 形裙：这是属于中长裙款的 A 形裙，同色的浮雕印花非常有质感。在搭配时走义艺青年或冷酷路线都别有风味。购买时要确定面料的立体性，这样才能更好地展现主人的精气神。

黑白印花 A 形裙：基础色调上白下黑的设计，让原本简单的黑白格设计也俏皮起来，短裙的设计更是提高了下半身的比例。在购买时需要谨记这类拼接设计，下摆的立体性是最重要的。

经典款 A 形裙：黑色的大方简约对于突显小腿的肌肤质感和修饰身材曲线是非常厉害的，不造作的裙面设计端庄优雅，搭配上淡雅色调的衣服会比较令人舒服。在购买时只要注意面料的防皱性就可以了。

花瓣 A 形裙：明显的花瓣形状很有俏皮的田园风格，这一款设计对于扁臀的女生来说的确是一利器，但大腿结实的女生就不要选择了。在购买时，延展性越好的材质越能展现身材特点。

漆皮 A 形裙：白色的漆皮闪烁着动人的光泽，带着淡然说故事的劲儿，高腰设计对于臀腿的展现非常有利。在购买时注意裙子的长度就好，漆皮的材质最合宜的长度是到小腿肚中。

10. 下装篇—花苞裙

　　花苞裙之美，在于其向内收紧的裙摆，犹如铃兰一般立体而含蓄的款型，不仅勾勒出女性柔美的曲线，还因行走时腿的摆动幅度减小而使裙子的主人变成纤纤淑女，犹如铃兰花一般纯洁优雅。在花团锦簇的世界里做个淡雅的女子，花苞裙足矣。

1

拼接开叉花苞裙：黑白花朵印花虽然简约，但两段糖果色的拼接使裙子的设计感提升，搭配尖头高跟鞋更是型格十足。在购买时对于拼接的材质不作统一才更有时尚性格。

运动漆皮花苞裙：松紧带的裤腰设计，荧光色的漆皮裙面，健康的运动元气随处可见，高跟鞋、运动鞋都不逊色。在购买时注意裙面的褶皱比例，过宽或过窄的褶皱都会影响臀部曲线。

2

3

经典裙裤式花苞裙：工整的表面线条，正中的一道褶皱显眼夺目，亦给人无限遐想。在购买时对于裙面的面料是有要求的，平整、挺括的布质才能有这般神采。

小喇叭太空棉花苞裙：高腰的束腰搭配微开的花苞裙型，一收一放，美丽缓缓绽放。这一类的设计对于裙身面料有弹性与挺拔度的要求，松垮的材质会显得低廉，所以在购买时要注意这一点。

5

包臀漆皮花苞裙：白色漆皮的面料，白蒙蒙的光线反射，丰满了臀部曲线，是扁臀女生的利器。但对于这款裙子要注意配色，有撞色设计的款式勿选横向图案，这样会放大和拉长臀部宽度，少了曲线美感。

不规则层次花苞裙：简简单单的色系构成，各有特点的材质叠加，不仅有层次感，而且突显了臀部的立体感，充满了浓郁的女人味。这款裙子的裙身设计同色系不同材质，因此不要为求新奇而盲目混搭。

6

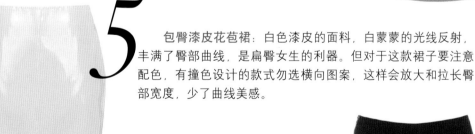

11. 下装篇—长裙

　　全年四季，融入血液中的与生俱来的浪漫因子，不停歇地谱写着各类场景，例如校园里被风撩起的裙摆优雅擦过路人身侧，留下余香飘缈，能兼具这般摇曳生姿的端庄与娇羞的便是长裙了。

1 　T形长裙：即使只有米白与靛蓝两种配色，依旧能感受到植物的生机勃勃。T形裙身可以遮饰下身，这对腿型不佳的女生来说是福音。在购买时注意面料的软硬度，一般无弹性的面料比较能显示气质。

2 　鱼尾长裙：极致修身的鱼尾剪裁，秉持着最佳的修饰状态，充分贴合女性的身材，衬腰身、显臀型，搭配起来非常显身长。在购买时需要注意材质的挺括性与延展性。

3 　波西米亚雪纺长裙：几何线条构成的民族风印花图案，配合拉长身材视觉比例的高腰设计，高挑显瘦的功效一流。波西米亚风格长裙的别致取决于印花，面料的飘逸当然是雪纺才有的特质。

4 　经典黑色长裙：经典的廓形，修身显瘦的黑色，百看不厌，百搭不出错。在选购时只要注意制作面料的材质就可以了，因为这将影响下半身所展现的线条感。

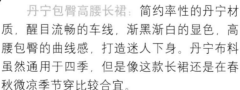

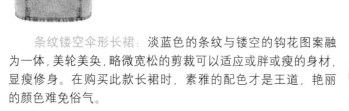

5 　丹宁包臀高腰长裙：简约率性的丹宁材质，醒目流畅的车线，渐黑渐白的显色，高腰包臀的曲线感，打造迷人下身。丹宁布料虽然通用于四季，但是像这款长裙还是在春秋微凉季节穿比较合宜。

条纹镂空伞形长裙：淡蓝色的条纹与镂空的钩花图案融为一体，美轮美奂，略微宽松的剪裁可以适应或胖或瘦的身材，显瘦修身。在购买此款长裙时，素雅的配色才是王道，艳丽的颜色难免俗气。

12. 全身篇—连身裤

　　工作每天都在继续，习惯了用脑的我们，可能会忘记女人的穿衣打扮是可以偷懒的，即使有人一直标榜着"世界上没有丑女人只有懒女人"，但如果你是一个聪明的时尚女人，那么只要选择好衣服，比如说连体裤，完全可以磨蹭上班、匆忙约会。

1 牛仔背带连身裤：直筒型背带裤，是经久不衰的男孩风，无论什么身形都能穿出不同的气质，但俏皮是肯定有的。在购买时注意腰胯间的高低宽窄，以方便日常行动。

2 交叉抹胸连身短裤：白色的热带植物印花浮现在纯净的湛蓝上，清爽明艳；高腰设计拉长了下身比例。在购买时要注意上身设计是否符合自己的身材比例，避免造成视觉比例的失调。

3 运动元素连身裤：领口袖口裤腿的粗细条纹相间设计极具运动感，修身却不贴合的廓形，可以修饰线条，遮盖不足。建议购买时，深色的配色比较能显出身材的优点，针织面料要慎选。

4 抹胸连身裤：凹型的抹胸设计，即使胸型不丰满也能耍些小性感。高腰宽胯的设计，拉长线条的同时丰满了臀线。在购买时一定要选择有垂坠感但不失挺括的面料。

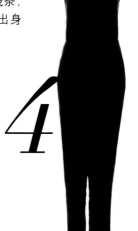

5 长袖深V连身短裤：即使长袖把手臂遮得严严实实，柔美的褶皱线条却将身体衬托得凹凸有致，而且这一款连身裤能遮蔽手臂的缺陷，在购买时优选暖色亮色，这样比较能修饰身线。

6 荷叶罩衫紧身连身裤：这一件的上身荷叶衫柔美、甜美，小性感的代表——锁骨也得到凸显，但下身的包裹性很强，所以对腿型的要求很严格，所以下身结实肉多的女生最好慎买。

13. 全身篇——连衣裙

在女人的世界里，连衣裙是不可或缺
的，它能显示出女人的温柔曲线，是女人
青春的最好载体。无论你有着怎样的体型、
风格，都会在大街上的橱窗里找到属于你
的连衣裙，因为，它只为你而生。

1 长袖露背连衣裙：腰间刻意不对称的拼接非常任性俏皮，把平凡的格纹点缀得生动立体，露背设计更是显露心机。这一款的设计比适合棉布的面料，裸露的肌肤质感会非常迷人。

2 拼接结构连衣裙：有层次感的拼接设计本身就很有特点，特别是它每一部分的拼贴颜色与图案也不统一，更有时装性格。在购买连衣裙时，布料的硬度和延展性显得颇为重要。

3 高腰长裙连衣裙：刺绣的短背心塑造了完美胸线，配合高腰的雪纺长裙，不仅让双腿有了迷离的魅惑，在身材比例上也更显高挑。在购买时要注意长裙的飘逸与垂坠感，不黏肤却带有灵气。

4 印花蓬裙连衣裙：奢华的印花图案，搭配可爱的廓形设计，搭配一双黑色尖头高跟鞋，优雅迷人。在购买时要注意裙摆部分的面料质感，蓬蓬的视觉感受是整款连衣裙的重点。

5 无袖荷叶摆连衣裙：白格黑线的图案像一座宏伟的时尚建筑，荷叶裙摆微开，整体曲线轻松柔美。在购买时要注意配色，要显瘦，不要挑选容易放大身材的图案。

6 绷带裹身连衣裙：全黑的裹身裙不乏设计感，上胸部分的绷带设计既紧实了身线又精致了气质。在购买时不要选择针织面料，虽然也贴合身线，但带来的却是不同的气质。

14. 全身篇—小洋装

　　如果某一日你对纷繁复杂的搭配心生烦厌了，看着毫无头绪的衣橱感到烦躁时，一件清丽的小洋装定是你的最佳选择。能让人眼前一亮的它，或甜蜜淑女，或优雅大方，或活力十足，或清新舒爽，无论是哪一样，都必定是那般让人心情舒爽的可爱简单。

1

中袖波点小洋装：优雅、恬淡、俏皮，如此复古的气质当然只有波点能兼具了。无论是踏青还是观赏博物馆，都是不错的选择。在购买时，棉布或绸缎的材质会比较轻盈，身材丰满的女生也能驾驭。

2

露肩伞裙小洋装：简约的印花图案，从年龄到肤色都不是桎梏，露肩的公主款式，是优雅可人的。需要注意的是，在购买时应根据出席场合来选择印花，不同的印花所表达的个人态度是有一定区别的。

3

网格流苏包臀小洋装：网格的休闲气息搭配流苏的律动之美，再有裹身裙的迷人线条，是鸡尾酒会的不二选择。在购买时注意好裙子的长度就好，过短的设计会略显轻浮。

V领无袖小洋装：V领的设计让你的锁骨与胸型拥有流畅的线条；中性色调的亮片设计亦能受得住时光冷暖。在购买时要注意内衬的舒适度。

4

5

侧腰镂空皮革小洋装：这一款小洋装对腰部的线条会有一定的要求，皮革的裙身还能遮饰臀部的肉感，若搭配同色踝靴，型格十足。在购买时应选弹性与透气度均好的皮革面料。

双层薄纱抹胸小洋装：抹胸设计对于胸型丰满的女生可以凸显性感，对于不太丰满的女生亦可表现清爽优雅的气质。双层薄纱设计隐约间展露婉约动人的线条。在购买时注意选择有一定硬度的纱质，这样才能撑起气场。

6

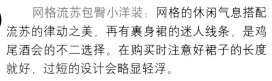

15. 全身篇——大衣

　　起风的日子里，大衣不动声色地占据了整个冬天的记忆。无论是可爱路线的女孩形象，还是散发着温婉气质的淑女风范，有大衣相伴的女子在这个冬季注定摇曳多姿，风度与温度都可兼得。

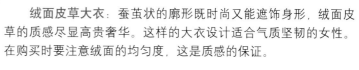

1 绒面皮草大衣：蚕茧状的廓形既时尚又能遮饰身形，绒面皮草的质感尽显高贵奢华。这样的大衣设计适合气质坚韧的女性。在购买时要注意绒面的均匀度，这是质感的保证。

2 格子双排扣大衣：格子元素是复古设计中的重头戏，尤其是这类有积淀感的配色，更是增加了大衣的饱满度。深绿色的大衣在搭配时要少用大量的色块拼色，在购买时要注意格子线条与裁剪的对称度。

3 横条纹西装领大衣：横条图案显著的花纹有拉宽线条的视感，再加上大衣本身的宽厚设计，所以在搭配时内搭要优选深色。在购买时要注意面料的粘毛度，而且浅色呢布也易脏。

4 深V领大衣：深V领的设计能凸显胸部线条，根据气温可以选择高领毛衣或圆领卫衣的内配。因为图案色调偏深，所以内搭应选择增加亮点的对比色，但也不宜过于鲜艳。在购买时要根据身高来选择。

5 皮草领白色大衣：皮草元素让整件大衣显得雍容华贵，白色呢子布料典雅高贵，长款设计优雅大气，内搭宜选深色系，搭配高筒靴更能增加气场。在购买时需注意皮草的质量，比如毛的浓密、稀疏、长短。

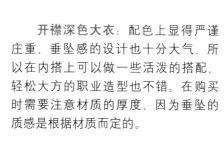

6 开襟深色大衣：配色上显得严谨庄重，垂坠感的设计也十分大气，所以在内搭上可以做一些活泼的搭配，轻松大方的职业造型也不错。在购买时需要注意材质的厚度，因为垂坠的质感是根据材质而定的。

16. 选购衣服要从**整体**着眼

但凡一个时刻关注时尚热点的悦己美人，都会谨记配搭为先的真理。那些为了别出心裁的某一件单品而放弃整体的人，不会是一个合格的时尚女人，因为这不仅关乎你的阅历眼界，更是反映出你的品位和气质。所以，即使时尚圈再让人眼花缭乱，也不要忘记做一个完整的美人，用衣着巧妙掩饰自己身材上的小缺陷，同样可以气宇轩昂地走在时尚的星光大道上。

1 A形身材

A形身材又称为梨形身材，特点是上身匀称，但身体的中段腰腹部囤积赘肉，臀部也比较丰满结实，大腿紧实。因为中段偏胖，A形身材的人即使体重不重，但视觉上可能还会给人臃肿的感觉，所以在搭配上要注意运用一些不规则下摆或蓬松的设计来修饰线条。

上衣下摆蓬蓬的前短后长的雪纺成功转移了对臀部和结实的大腿的注意力。

连衣裙蚕茧般的廓形既具备了时尚感，又遮饰了中段过于丰满的臀肉。

2 H形身材

H形身材匀称、四肢比例均等，看上去几近完美，但从侧面看，缺乏曲线感，腰臀线几乎没有突出，因此缺乏动人之姿。要解决这些问题，可以借助束腰半身裙、开襟外套、短款机车外套等单品，重塑腰臀线，重新调整出细腰长腿的比例美感。

蕾丝上衣颇有神秘气质，束腰裙提高并凸显了腰线，荷叶边的设计使臀线更为动人。

吊带小背心与高腰长裙，凸显了腰部线条，金属色泽因光线相异会产生不凡的律动感。

3 I形身材

T台上的模特绝大多数都属于铅笔形身材，是人人称赞的衣服架子。但这样单薄的身材，似乎可以穿上橱窗里的任何衣服，但徒有美感却少了肉感。要化解这类身材难题，需要借助多层穿搭法和增加衣服存在感的设计，使身材变得丰富。

上身衬衣的橘色属暖色系，有放大、饱满的视觉效果，高腰裙扎衬衫这样富有层次感的设计让身材更加动人。

带有未来主义色彩的连身裙很能吸人眼球，肩部宽袖的设计、银色与灰色的交错，使身形变得立体。

Y 形身材

Y 形身材的特征主要表现在肩宽，胸部丰满，身体上部体积较大；臀部及腿部相对较瘦。这类身材确实是布满无限可能的潜力股，只要增加臀部的持重比例，就能冲淡头重脚轻的轻飘感，更能发现凹凸有致的 S 形影子。

窄肩欧根纱泡泡袖的设计弱化了肩的宽厚度，腰部的褶皱边增加了腰臀的曲线感。

宽松的长袖白色上衣颇显随性，材质的垂坠将大身拉长，收腰宽胯的高腰短裤提升了腰臀的线条感。

3

Chapter

选择绝不失误的配件

　　一套穿搭中，服装的重要性当然是占到了整体的 70%，但是配件的重要性往往超乎我们的想象。一款好的配件不仅能够提升全身穿搭的质感，同时还能表现出你对细节的注意，展现你的时尚品位。当然了，错误的单品不仅会让你着装质感下降，更可怕的是，它会让人感觉到你是在"乱搭"，所以帽子、鞋子、包包、首饰的搭配，每一件都不能含糊！

1. 小细节决定衣着成败

微小的细节决定着造型的成败，其实不论是哪一种身形、哪一种风格的女生，只要把握好造型的细节，就能打造出完美造型。

01 打造"凹凸有致"的曲线感

赋予整体曼妙的曲线感，恰是成就完美比例的技巧。特别是轻盈的空气感下装，需要凸显腰线，升级平衡感。把握自身身材优势，打造出凹凸有致的曲线感，让身形和造型都得到最完美的展现。

02 提升视线的"点睛配饰"效果非凡

领口处的精致印章或是袖口处的精巧袖扣，都能够让你的造型得到完美的展现，同时给造型细节大大加分。好好利用你喜欢的别致配饰吧！让造型得到完美提升的最佳、最便利的方法就是恰到好处地利用饰品。

03 遮盖臀部和腿部的"空气感迷你裙"是必备

如果下半身比较胖，可以选择空气感的迷你裙，这样不仅能够很好地遮盖住臀部和大腿部位的缺陷，同时还能够让整体线条得到提拉，让身形变得更加利落、完美。

04 巧用"色彩混搭" 打造匀称身材

色彩能够转移人们的注意力，运用色彩混搭的效果能够让造型的重点得到视觉分散，运用色彩拼接的装扮能够打造出更加匀称的身材比例，同时能够展现出你运用色彩的能力。

05 "高位腰线" 让美型更加出位

如果你想让自己的身形比例得到完美延伸，那么就选择高腰裤或是高腰裙吧！它们能够让你的双腿看起来更长。在穿连衣裙的时候，选择一条腰带，然后将腰带的位置稍微扎高一些，一点小小的"心机"，就能够让美丽造型更加出位。

06 将"恰到好处的露肤" 发挥到极致

微微地露出肩部肌肤，半透明的蕾丝或是雪纺上装，这些恰到好处的露肤方法都能够让造型适度性感，同时展现出良好的身形。适度的露肤才能最好地展现性感气质，过于裸露的装扮反而显得做作、不自在。

2. 帽子

帽子是造型搭配中必不可少的单品，衣橱中不同款式的帽子能够配合不同款式的衣服，搭配出更加别样的气质。

 帽子与脸型的搭配技巧

瓜子脸的人，适合戴各种帽子，只是帽型深度要适中，以露出脸的 1/3 左右为好；方形脸的人，帽子造型要按比例戴高一些，脸部露出 3/4 为宜，适合八角帽、牛仔帽、卷边帽、礼帽等；圆脸形的人，帽子设计成方形、尖形或多边形为好，适合贝雷帽、骑士帽等；长脸形的人，帽子不宜过高，不然会使脸显得更长，脸部以露出 2/3 为佳，适合渔夫帽、大檐帽等。

 帽子与体型的搭配技巧

人的身材有高矮之分。身材高大者在选择帽子的时候宜大不宜小，否则给人头重脚轻的感觉；高个子不宜戴高筒帽，矮个子不要戴平顶宽檐帽。

 帽子与肤色的搭配技巧

肤色红润的人，可以与很多颜色的帽子相协调搭配，但是不要戴太红的帽子；黄皮肤的人适宜戴深棕色、米灰等色的帽子，不宜戴黄、绿色的帽子；皮肤黝黑的人在选用鲜艳色彩的帽子时，要注重着装的整体效果，根据服装来搭配帽子效果；白色皮肤的人，帽子适用的色彩比较多，但由于皮肤过白容易给人以柔弱感，所以选择帽子的颜色时，要避免选白色或近似色。

 帽子与服装的搭配技巧

戴一顶与服装同色或与主色调相近的帽子能给人清新、高雅之感；戴与服装色彩形成强烈对比的帽子则使人感到活泼矫健；穿印花衣服时，最好戴一顶颜色较深的帽子；着红色或蓝色服装时宜戴一顶蓝色或红色帽子；穿西装、风衣、呢大衣时，常搭配用礼帽或羊毛帽；着运动服时，戴一顶棒球帽或空顶帽，能使你英姿焕发。

毛 线 帽

1

冬天必不可少的红色单品，可以陪伴你度过每一个欢乐的节日。

潮人必备的柠檬绿单品，简单的款式可以搭配不同的穿衣风格。

2

3

如果黑色过于单调，那么一个波点蕾丝蝴蝶结则让这个单品出彩不少。

如果你不喜欢过于华丽的款式，那么粗线条的浅色毛线帽则是必选款式。

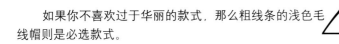

4

5

带有童趣感的色彩拼接款式，俏皮可爱又十分跳跃的色彩恰到好处。

集北欧风和男友风于一体的款式，是喜欢挑战新颖造型的女生的最佳选择。

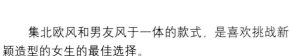

6

费多拉帽

洁净的白色能够展现最佳的优雅气质,非常适合到海边度假时搭配优雅的长裙。

最质朴的编织色系,搭配简洁的缎带和花朵,百搭的款式适合每一种类型的女生。

波普风印花个性十足,搭配中性或是街头风的造型都是不错的选择。

浅浅的粉色搭配甜美的花朵,让女性气质达到满分的款式,一定是衣橱必备。

带有度假风的独特个性,柔和的色调适合不同风格的女生,可以搭配出不同风格的造型。

优雅端庄的酒红色,搭配简单的服饰,能够衬托出更好的气质。

贝 雷 帽

1

曲线的款式和柔和的色调，可以搭配出简约风或是中性风格的造型。

最简单的黑色款式，精心钩织的花纹，几乎可以搭配任何一款冬季大衣。

2

3

白色绒面的款式，适合优美恬静的女生，搭配浅色大衣或是冬款礼服均可。

简约的款式和低调的色彩，随性气质无处不在，为冬日造型增添细节感。

4

5

钟爱豹纹的你一定不能错过这一款式，绒面设计让帽子更加柔和。

带有一些波普风的花色，缤纷又不失帅气，这也是衣橱的必备款式。

6

3. 鞋靴

一双好的鞋子能够给你的全身造型加分，一双有质感的鞋靴能够让你展现出更好的气质，选择怎样的鞋子决定着造型的分值。

推荐款式

简单帅气的马丁靴搭配黑白连衣裙，一件棒球外套和同样质感的黑色水桶包，街头风十足。

优雅的金色尖头高跟鞋，将双腿的线条提拉得更加优美，搭配裙装再适合不过了。

请将这些鞋子列入购物清单

1 简约的线条和细腻的设计感，是夏天的必备单品。

2 这是一双搭配橱柜里的任何一条连衣裙都不会出错的高跟鞋。

个性的鱼骨和闪耀的水晶，质感十足的必备单品。 **3**

4 百搭款式的坡跟鞋，同样满足了舒适度。

5 简约又不失个性的罗马鞋，是搭配热裤的绝好单品。

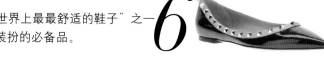

"世界上最最舒适的鞋子"之一是日常装扮的必备品。 **6**

7 质感十足的单鞋，搭配裤装或是裙装，都是满分。

舒适的豆豆鞋一定是每个女生的最爱。 **8**

9

稍微成熟的款式能够应对各种不同的场合。

10

最舒适、最百搭的黑色单鞋，你的鞋柜里一定不能少了它。

帮助提高身高的松糕鞋，黑色皮面质感利落又帅气。

11

12

中性风运动鞋，能够搭配出别样的个性气质。

13

14

如果想要让你的雪地靴更加特别，那么就选择鲜亮的色彩。

清爽的运动鞋是一年四季都可以穿的完美单品。

15

雨靴可不仅仅是雨天的工具，它同样是造型必备单品。

4. 包包

就像"衣柜里永远少一件衣服"一样，包包也是女生们永远不会停止购买的单品。不同的着装只有搭配不同的包包，才能够展现出完美造型。

推荐百搭款

白色半身裙搭配黑色蕾丝上衣，一双抢眼的红色尖头高跟鞋，搭配一个宝蓝色绒面质感包包，让整体造型更加完美。

推荐百搭款

　　个性的动物造型包包，搭配街头风十足的装扮，让整体造型更加可爱、别致，非常适合青春活泼的女生，个性十足的女生同样可以驾驭。

请将这些包包列入购物清单

1

明快的色彩非常适合夏季使用，
简单又大方。

2

粉嫩可爱的剑桥包，非常适合
甜美可爱的女生。

3

简约的线条和细腻的设计感，
是夏天的必备单品。

4

黑色皮质的材质搭配曲线的包
边，庄重不失活泼。

5

白底印花的设计，海边游玩，约会怎能少了它。

7

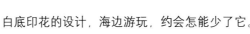

黑白、格纹搭配金属扣，时
尚女生的必备款。

6

柔和的浅蓝色
搭配金属质感的纽
扣，甜美优雅范儿
十足。

8

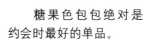

糖果色包包绝对是
约会时最好的单品。

9

印花双肩包个性十足，出街或是旅行，它都是绝好的搭配单品。

10

安全的柔和色系能够搭配任何色彩的衣服。

11

质感双肩包，就算是身着连衣裙也能很好地驾驭。

SCREAM

12

最简洁的帆布包，不管是逛街购物还是出行都是很好的配件。

质感十足的托特包，复古印花让包包更加精致。

13

14

明亮的手拿包，出席晚宴或是盛大活动时必不可少。

15

简洁却个性十足的柠檬色系挎包，街头风十足。

如果你喜欢成熟的风格，那么绒面挎包再适合不过了。

16

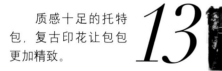

5. 丝巾

丝巾的魅力在于能够让一件衣服变得更加优雅，不同花色的丝巾能够将衣服打造出不同的风格，选择适合自己的丝巾能够将自己打造得更加别致。

推荐百搭款

清新色调的丝巾能够让整体造型更加柔美，同时也能增加造型的层次感。一条简单的丝巾就能够让造型风格更有质感。

推荐百搭款

1 流线状的图案充满现代气息，搭配套装则更加优雅。

2 带有异域风情的色彩明快的丝巾，非常适合度假时使用。

3 宝蓝色能彰显女性沉稳、优雅的气质，搭配浅色衣服同样出彩。

4 柔美的色调和清新的色彩非常适合温婉的女生。

5 纯净的白色丝巾上有清晰的印花，简单却不失精致。

6 格子印花从来不会从女生的着装上消失，可以突显女性优雅从容的气质。

7 复古印花的丝巾，非常适合打造复古造型和田园风造型。

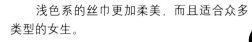

8 浅色系的丝巾更加柔美，而且适合众多类型的女生。

6. 围巾

虽然围巾没有丝巾使用的频率那么高，但是在寒冷的冬日里，围一条舒适的围巾可以帮你加倍抵御风寒哦！想要让自己更加时髦、亮眼，在围巾上下工夫也是必不可缺的，挑选一条最适合你的围巾陪伴你过冬吧。

● 四种必备围巾花色

豹纹

豹纹是最能展现女性狂野气息的图案了。到了秋天，豹纹图案和变黄的叶子互相呼应。搭配方面，秋天，达人们最青睐的要数风衣和夹克了。换上皮衣加长裤，搭配一条豹纹围巾，做个朋克女孩吧。

格子

格子图案可以说是英伦风的标志，因为格子图案颜色比较多变，搭配方面可以选择纯色的风衣和长西服等。尽量不要让身上的颜色太多，否则就会显得比较缭乱。也可以选择及踝靴或者英伦风的皮鞋进行搭配。

纯色

纯色围巾最好搭配，也最随性。无论搭配裙子或者裤子都会很好看。最大的问题也是颜色方面，要选好撞色的元素，这样才能穿出自己的品位。

印花

过了夏天，仍可以大玩色彩游戏，印花图案一向丰富多变，不喜欢单调的小伙伴们一定要入手一件印花围巾。不管你是走小清新风还是成熟风，印花围巾都能让你有别于那些平庸的穿着。

● 围巾的几种色彩搭配

玫瑰色与黑色搭配：充满生命力的玫瑰色，为寒冷的冬天带来丝丝暖意，是最能展现女性温柔、甜美特质的色系。

围巾搭配技巧：玫瑰色与黑色的搭配，体现出层次的清爽亮丽。如果你皮肤白皙，那么玫瑰色更是你最佳的选择。

粉色与白色搭配：粉色的薄呢外套是白领一族衣橱必备的行头。搭配针织长款围巾，无疑是最甜美可爱的装扮。

围巾搭配技巧：服装的搭配上非常灵活，白色的长款针织围巾适合搭配任何颜色的服饰。赶快为自己选择一条吧。

雪白与浅蓝色搭配：雪白的通勤套装，整体气质自然清新，与浅蓝色的长款针织围巾组合，极其可爱。

搭配技巧：纯色的长及膝盖的围巾非常有性格，穿上外套，可随意地将围巾披于前后肩，潇洒自在。另外，围巾的色彩若与夹包的色彩相互映衬，更能为整体搭配增添几分魅力。

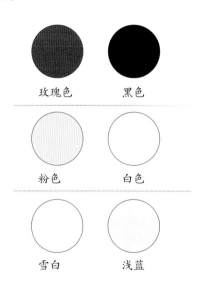

玫瑰色　　黑色

粉色　　白色

雪白　　浅蓝

推 荐 百 搭 款

1 明快的色彩简约又有质感，能够让暗沉的造型更加明亮。

2 男友风的简洁围巾，适合简约风和中性风的女生。

3 条纹状的围巾现代感十足，搭配简约的着装和中性风均可。

4 质感十足的纯色围巾，能够让造型变得更加优雅。

5 白色的清新围巾，搭配简约的黑色、彩色线条，简洁又百搭。

6 格子印花的经典图案永远不会消失，同时又有质感，给人感觉很温暖。

7 热情的红色能够驱赶冬日的严寒，让造型更加温暖。

8 最纯粹的黑色围巾，任何一位女生都可以随意搭配。

7. 胸针

如果说耳环是大家闺秀，戒指是小家碧玉，那么胸针绝对就是名媛贵妇，这也是为什么许多名贵的宝石会被用来做成胸针而不是其他零碎饰品的原因，一枚精致名贵的胸针是提升你奢华品质的最好饰品。

如何佩戴胸针

和服装配套

胸针的质地、颜色、佩戴位置的选择需要考虑服装的配套与和谐。一般说来，穿西装时，可以选择大一些的胸针，材料也要好一些，色彩要纯正。穿衬衫或薄羊毛衫时，可以佩戴款式新颖别致、小巧玲珑的胸针。

根据季节的不同而变化

因季节的不同，服装随之会有变化，选用的胸针也要有所不同。夏季宜佩戴轻巧型胸针；冬季宜佩戴较大的、款式精美、质料华贵的胸针；而春季和秋季可佩戴与大自然色彩相协调的绿色和金黄色的胸针。

佩戴的位置

佩戴胸针的位置也是有讲究的。一般来讲，穿带领的衣服，胸针佩戴在左侧；穿不带领的衣服，则佩戴在右侧；头发发型偏左，佩戴在右侧，反之则戴在左侧；如果发型偏左，而穿的衣服又是带领的，胸针应佩戴在右侧领子上，或者干脆不戴。胸针的上下位置应在第一及第二纽扣之间的平行位置上。

根据场合不同而变化

根据不同的场合选择不同的胸针来进行搭配和佩戴，能够展现出你的搭配能力，同时也能够更好地发挥胸针的作用，让人更加出彩。

 胸针小贴士

Tip 1：胸针的造型不一，复杂简单各有千秋，装饰味极其浓厚。若你穿着半高领的休闲服，佩戴造型繁复的胸针，则会有大题小做之嫌。

Tip 2：短衣短裤向来就是现代浪漫少女的装束，再插一枚树叶形的简单胸针，就越发觉得俏皮又可爱，但这似乎并不适合办公及会见客户。

Tip 3：当成熟的你身着高级面料的礼服时，则不宜佩戴塑料、玻璃、陶瓷等材质的胸针。因为这种胸针与高雅华丽的服装极不协调，只会给人一种毫无品味的感觉。

Tip 4：年轻的少女在选择胸针时，最好以别致型、趣味型为佳。在材料上没必要追求高档的金银珠宝，否则会显出与年龄不衬的老气。

推荐百搭款

1 透明质感的花朵胸针能够让衣服的质感得到更好的提升。

2 个性波普风胸针，搭配简洁纯色的衬衣会更出彩。

3 长条状复古胸针能够搭配出别样的气质。

4 华丽复古的胸针，非常适合打造优雅、丰富的造型。

5 可爱精巧的动物胸针，是每个女孩的最爱。

6 银色质感胸针，非常适合中性风格的女生。

7 棉质花朵胸针，能够让单调的套装多几分细节感。

8 复古感十足的水晶胸针，华丽又不失简约大气。

8. 太阳镜

墨镜是女人的第二支口红，它如同女人最爱的那一支口红，就算只是素淡的面容，只要"涂"上它就能让人立刻神采飞扬，制造出绝佳的视觉效果，让女人的脸散发明星般的光芒，也让整个造型完整起来。

● 太阳镜和脸型之间的奥秘

圆形脸：蝶状镜框深色镜片

圆形脸的人不适宜配戴圆形或弯角的太阳眼镜，而应该选择比自己脸形稍宽而且镜架向上的蝶状形的镜框，使脸庞看上去有棱有角。特别要避免圆形、轻盈或幼稚的镜框。

在颜色选择上，圆形脸适合框架稍粗、镜片颜色偏冷、颜色较深的眼镜，有"收紧"脸庞的视觉效果。过艳的黄色、红色镜片或框架线条纤细、柔和的太阳镜，会将脸庞衬托得更大。

圆形脸

心形脸：多角镜框浅色镜片

太大或太粗线条的太阳眼镜都会使面部轮廓显得更宽阔，而使下颚线显得更尖小，因此应避免配戴两边向上翘起的镜框，因为这样会突出尖削的下颚。心形脸宜配戴轻巧及多角形的太阳镜，镜架宽度以不超过太阳穴为宜，与面孔轮廓互相配衬。

镜片应选用较浅的颜色，以减弱脸部上方的重量。

心形脸

椭圆脸：宽阔镜框粉色镜片

椭圆脸最适宜配戴框形宽阔的太阳眼镜，使面部看上去宽阔、减少脸的长度感。细边金属框或无框太阳镜，均不宜配戴。

颜色方面宜选择粉红或葡萄酒红色的镜片，能增加脸庞的亮度。

椭圆形脸

方形脸：圆形镜框褐色镜片

方形脸给人一种硬朗的感觉，应避免戴方框的太阳镜。方形脸要配戴四角成柔和曲线的圆形太阳镜，框边要粗阔，能表现豪朗的线条。窄边而精致的太阳镜与方形脸配合时，会显得脸特别小而不相称。

镜片颜色以稳重的褐色为佳。

方形脸

推 荐 百 搭 款

传统的黑色太阳镜，搭配质感金色镜架，最中庸却最百搭的款式。

粉色圆状太阳镜，简洁的线条，甜美可爱又不会显得过于做作。

黑白波点的图案俏皮可爱，渐变色的镜片更显别致。

圆状豹纹太阳镜，质感和个性都非常独特，百搭又别致。

金色几何镂空的镜框，非常适合个性独特的女生。

最简约的款式，适合各种脸型的女生，是夏日必备单品。

透明的镜框搭配茶色镜片，款式简约却质感十足。

彩虹色镜片搭配飞行员镜的镜框，独特的款式令人过目难忘。

9. 耳环

有时候双耳上那抹精致的光彩就足以让人目眩，越是不起眼的细节，就越要做到位，用光彩的耳环点亮自己美丽的容颜，让自己变得更有魅力吧。

经典耳饰搭配小贴士

Tip 1：在搭配小黑裙等洋装的时候应该选用一些能够衬托大片黑色色彩的饰品为宜。

Tip 2：选用金色材质的耳饰是最能够将黑色品质衬托出质感的颜色，金属的光泽与吸光的黑色相辅相成，产生时髦经典的效果。

Tip 3：在耳饰的选择上可以尽量选择小巧的款式，避免较大形状的耳坠款式，尽量以贴耳的耳钉为主。

弧形耳饰
让自己变得更有个性

泪滴形碎钻耳坠
华贵优雅

千鸟格无袖洋
装造型简单不做作

简单的香槟金圆形耳钉
小巧且百搭

暗红色的高跟鞋
既不抢眼又展露品位

航海风船舵耳钉
能够满足有个性的你

推荐百搭款

人造珍珠与钻石混镶，将两种材质的美都凸显出来，不同层次的白可以将肤色衬托得更加白皙，也能将深肤色女生的肌肤衬得更有质感。长半弧形的设计贴合耳郭，戴上后能将耳朵边缘完全包裹，非常时髦。

双串珠的设计能让耳朵变得更加小巧、精致，纯白、光洁、有质感的珍珠更能折射耳朵细腻粉嫩的肤质。这款双串珠耳坠尤其适合娇小玲珑的女生或者气质清纯的女神。

由多种绿色组成的人造宝石耳环最能体现异域风情和性感风姿。多彩的绿组成了精致秀丽的马赛克花纹，犹如教堂里的彩色玻璃一样让人心醉。在穿着有民族元素的服装时，这款耳坠能将异域风情放大至极致。

由茶色水晶组成的几何耳坠极具神秘感，圆润的方，体型的长，还有水滴形的圆，三种不同的几何图形拼凑在一起呈现出和谐的美感，经典几何图形将耳垂衬托得十分小巧，将女性优雅性感的一面展露无遗。

超大号的锤击圆形耳环极具摩登感与个性，经过锤击的圆环表面不再是光滑圆润，取而代之的是有分量的几何感，这种锤击的饰品更能增加女生的力量感，让佩戴的女生感到更有分量，而且更加摩登时尚。

这款小巧的耳环采用螺栓头形状设计，别出心裁，结构与材质能够体现出设计师想让女生变得更加强势的设计理念，同时搭配玫瑰金色，又能将耳朵粉嫩的肤质展现得淋漓尽致，小巧的设计也让女生的耳朵更加迷人。

10. 手表

手表是最能展现一个女生品位的配件，一个佩戴手表的女生更能获取他人的信任，让人觉得更有时间观念。想要打造知性典雅的你，没有一款经典的手表怎么行？

OL 风格配表指南

Tip 1：在为 OL 风的服饰进行搭配时，应该尽量遵从严谨外加点时髦的打扮原则，太过性感或太过女性化都不适宜。

Tip 2：在手表的搭配上建议尽量选择颜色偏素或者能够强调女性在工作中严谨干练一面的手表。

百搭的格纹表带手表造型简单不过时

简单干练的蓝色牛仔衬衫，让你度过舒适的一天

想要来点复古的感觉，金色的表带与碧绿的表盘能够帮你实现

经典的黑金配色手表最能够展现女性沉稳干练的气质

材质舒适的棕色高腰短裙搭配衬衫会让你更时髦

双黑色的切尔西高跟靴让你在办公室里硬朗起来

推　荐　百　搭　款

Michael Kors 标志性 Runway 手表采用此款性化装饰式皮革带子设计，细腻极富质感的皮质可以把纤细的手腕衬托出来，非常时尚新潮。玫瑰金色的表盘极度简约，毫无多余的缀饰，堪称经典。

这款 Kate Spade New York 手表的圆形表盘上饰有细长的刻度，适合娇小精致的女生佩戴。表盘中 12 点的刻度是一个黑桃造型，极具特色，能够把少女可爱、精灵的一面展现得淋漓尽致。鳄鱼压纹皮革饰带将纤细的手腕衬托得更有质感。

这款 Michael Kors 计时手表采用橡胶金属链带设计，凸显时尚运动风，特别适合经常出门运动的时尚乐活少女。无论是登山还是潜水，都是完美的选择，这款手表防水可达 100 米，绝对是潜泳的最好伴侣。

印花硅酮表带为这款 Kate Spade New York 手表带来俏皮感，黑色的波点与藕色的表带搭配，极富趣味性。极具少女感的设计能给女生带来更多青春活力，圆形表盘能让手表在富有趣味的同时不失品质感。

极富狂野个性和奢华性感的手表绝对是性感狂野女生的最爱，野性、奢华的鳄鱼压纹表带材质细腻，富有光泽，衬托手腕细嫩的肌肤。狂野而性感的豹纹表盘美得令人心醉，表环上镶着的两排闪亮的水钻，却又稍微缓和了这款手表的酷劲，多了一份优雅。

这款复古的手表非常适合有着一颗热爱复古风潮的女生佩戴。奢华又高级的金色铰链表带极其衬肤色，表盘中那一抹亮眼的水蓝足让人的内心平静，同时还可以感受到那股浓浓的复古色彩。

11. 项　链

　　世间所有首饰饰品中，与各种服饰最相配的、每个女人衣橱中不可缺少的配饰，就是一串华美的项链，这是最理想的首饰，每个女人都应该拥有一串传世经典的项链。

用项链营造随性舒适的穿着

　　Tip 1：黑白服装的简约穿搭，挑选轮廓分明、色彩单一的项链搭配会更有效果。

　　Tip 2：利用金色质感或者黑色玉石材质的项链衬托服装，往往有意想不到的效果。

　　Tip 3：在项链的选择上，不是只能选择项链来搭配，毛衣链与上衣的搭配也会带来出乎意料的惊喜。

简单素雅的金色项链
适合搭配各种风格

尽管是 T 恤的穿搭，
搭配毛衣链也别有特色

白色 T 恤
简单又随性

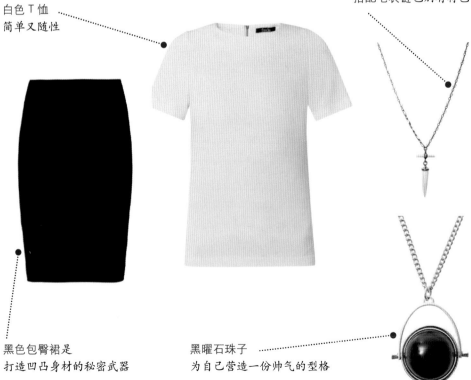

黑色包臀裙是
打造凹凸身材的秘密武器

黑曜石珠子
为自己营造一份帅气的型格

推 荐 百 搭 款

繁复的巴彩搭配组成的项链看似让人眼花缭乱，其实在颜色的组合上是有迹可循的，黑色与棕色，蓝色与白色，外加绿色的彩钻拼接成一片片大小递减的叶子，非常有异域风情，是民族风时装最好的搭档。

极具金属质感的金色铰链造型的项链能够将颈脖衬托得非常纤细修长，能够遮掩和修饰脖子的不足。大面积的金色质感能够衬托脖颈与胸部的皮肤柔滑让皮肤显得嫩白细腻的同时又将脸部提亮。

如果想仅用一条项链就能既使你优雅、神秘、干净，又能将肤色衬得透亮，那么这款项链非买不可。项链上组合了大量低饱和度的水蓝钻饰、灰色钻饰和白色钻饰，不同的几何图形相互簇拥镶嵌，在光线的折射下熠熠生辉，非常美丽。

若你觉得有些项链款式装饰繁复，钻饰太多、太耀眼，觉得它们设计得"太过了"，那么这款项链绝对是酷帅的女生最好的朋友。将"I LOVE U"象形化，将"LOVE"用图形来表示，再配上一个英文字母，极其简约的同时又极富个性。

略微浮夸的文字型项链是街头风女孩、嘻哈风女孩的最爱。金色浮夸的英文设计非常抢眼，能够让你轻轻松松成为街头时髦风向标，随意流畅的文字设计能让颈脖的线条更加清晰、分明。

要想打造简洁紧致、线条轮廓清新的颈脖，也许挂坠式的项链不能满足你，那么这款后绕颈的项圈或许会是你的最爱。简洁明了的金色圈环缠绕脖子，在脖子的正前方开口并做装饰，能够让你的锁骨看起来更加性感迷人。

12. 手 镯

　　手镯是 T 台上永远的配饰，它精致的造型很难不吸引人们的目光，是个人风格的完美代言。因此，它是人们在希望彰显个性时最常佩戴的饰品。不同材质和不同造型的手镯代表着不同的心情和造型，它是一套服装搭配的形象代言。

腕间的风情万种

　　Tip 1：想要搭配青春甜美的风格，仅选对了服装色彩是远远不够的，配饰也该年轻化。

　　Tip 2：选择耀眼的首饰能够让自己看起来更年轻，或者有卡通装饰和手工编织的单品都有减龄的效果。

　　Tip 3：如果想要在甜美的风格中融合其他的风格，可以增加一些带有利落质感的配饰。

厌倦了大众款式的手链和手镯，这款笑脸手镯应该会是你的最爱

想要来点不一样的？试试这款皮质与金属混搭的手镯吧

柔和的水粉色拼接了一圈水蓝色的圆领，更显得粉嫩可爱

鲜艳的红色 A 字裙
让你青春活力，充满朝气

传统的玛瑙珠子手链
必不可少，给你带来气场的同时修饰你的手腕

推 荐 百 搭 款

这款皮革 Versace 环绕式手链采用金色美杜莎铆钉设计，是一款极具标志性的奢华宣言单品，非常适合喜欢哥特风的街头女生佩戴。黑色的皮革质感能让女生多一份帅气，搭配金色的铆钉看起来品位十足。

1

2

简约利落的首饰造型绝对是你打造极简风格的必杀武器，金属质地的镂空手镯能最大限度地修饰比较粗壮的手臂，同时金色的质感能够将肤色修饰得非常雪白、细腻，是你饰品库里不可缺少的单品。

若是你已经厌倦了单调的、一成不变的简约造型，又或者不喜欢太过街头、太过朋克太过摇滚、太过哥特的首饰，那么带有一点地中海艺术风情的手镯也许是不错的选择。扭成条状的麦穗手链极具设计感，两端的流苏随你而动，极其美丽动人。

3

4

粉嫩的手工编织手环是可爱女生打造甜美风格最好的单品，多彩的手绳经过编织和组合，搭配可爱的卡通小公仔，再加上一点字母的缀饰，单是看起来就足以让人感觉开心和快乐。

这款厚实镀金手镯采用八角形设计，贴合人体工程学，佩戴在手上也不会造成行动不便。多边的造型能够让你在穿搭各种风格的服装时协调自如，极具动感张力，毫不做作。

5

6

水钻饰的手环造型简约、不造作，少了链子的脆弱感，也少了编织材质的繁杂感，更少了多边形造型带来的距离感，只剩下圆润简约的时髦感。对于想让自己清新脱俗的女生来说，这款手环最适合不过了。

Gei suo you nv sheng de
Mai da zhi nan

Chapter 4

买衣服
就是买它们

　　著名的"极简女王"Jil Sander 主张：设计能交给下一代的衣服。她还有一句名言："妈妈常说我们太穷了，不应该买太便宜的衣服。"这句话蕴含着太多的玄机，买衣服就该买那些时髦、经典又有传承价值的单品，因此大牌的上乘质感绝对不能缺席，挑选那些经久不衰的经典设计，用品牌来赋予自己的个性和魅力是极其重要的，它们将会是帮你快速树立个人风格的秘密武器。

1. 大牌的上乘质感

每一季，能选进自己购物车里的单品，不单只是看上它的美丽，品牌的精髓和独特的气质也是蕴含其中的，再加以完美搭配，便更添气场风采。但在购物的世界，欲望太多，选择纷杂，如何从不计其数的精品中找到适合自己也能升华自己的那一个，实在是一门值得考究的学问。如何挑选出有质又有样的经典单品，也不是件简单的事情。

A. 就是要要大牌！

在时尚圈，有一种姿态叫做"就怕你不知道我穿什么"，各种名牌加身，而衣装的设计款式不是品牌经典款，便是带有惯用图案，抑或是品牌 Logo。倘若你只是把这样的行为认定为炫富卖弄，那就太狭隘了，因为首先，名品的设计理念与制作工艺都是需要耗费大量时间和精力的，所以它所展现的手感、美感、质感必定是上乘的。其次，光是名牌加身并不是绝对的高贵，还要考验穿着者的搭配品鉴，没有层次感的搭配永远都不会受到赞赏。

打造上乘质感的要诀：

Tip1：车线流畅不含糊。这关系到单品的制作工艺，而上乘的制作工艺必然会有这样的特性。无论是明线还是暗线，这是一件高品质时装应该具备的细节处理，因为细节决定成败，决定时装单品的优劣。

Tip2：面料的特质不模糊。不同的版型设计，可以体现不同的身体线条，亦能彰显不同的时装性格，所以在材质的选用上必定非常考究。面料的特质是时装设计中不可或缺的，它是构成时装灵魂的重要方面。

Tip3：衣装配色不突兀。醒目的配色固然引人注意，但在上乘质感的打造中并不盲目推崇，所以可以根据材质的不同特质来配合吸睛却不突兀的颜色，令人欢喜的同时又有质感。

Tip4：单品搭配有品质。每一件单品都有自己存在的价值，在质感上的呈现可以选用加减法搭配，例如大披肩的存在价值是保暖，但是它也可以衍生出不同的搭配法则，比如加根腰带便是小马甲，绕下身围一圈便是中裙。

Tip5：时装性格要体现出来。质感的体现并非都是名牌加身，还得是合宜的搭配，你可以说混搭是张扬个性，但也不能盲目地混加在一起，因为毕竟是要穿出门的，如果是作为艺术品，那得另当别论了。

Tip6：了解品牌的风格。先从品牌的特色和风格出发，结合不同场合、时机来进行搭配，但如果品牌的风格自己觉得难以把控时，可以参考他人的搭配案例，通过优质的实例来学习和总结品牌风格，然后再结合自身的特质做出搭配。

大牌就要这样搭配

缎面的奢华已经抬升了质感，撞色拼接不仅夺人视线，而且还不显突兀，不规则的裙摆，有层次感的叠搭，身线的窈窕不会让人觉着单调，而是极富灵气、摩登。金色的并列项链，薄荷绿宝石镶嵌的手镯，金属色泽的手包，闪亮炫目的尖头细高跟，这就是气场女王的标准配备。

芝麻黑的醇厚感体现的是不浮夸的精致，花苞式的裙身设计勾勒出女性柔美的曲线。上衣白色麦穗状的错落线条，使上身的纤细感自然体现。连珠设计的手镯与裙身的麦穗状相呼应，黑色手包延续了整体的低调奢华，透视拼接的尖头细跟鞋因为绒面的鞋面，衬托出足尖的高贵。

B. 我低调不代表我平庸！

在时尚圈，还有一种姿态叫"我的高傲不一定是物质的堆砌"，这一类型在搭配上显露的高贵感基本是靠穿着者的品位与选鉴功力来实现的，不光要会挑单品，还要会搭配。明星的曝光照片，除了绯闻八卦，很大一部分便是穿着打扮的出街造型。她们在正式场合多会选择名牌服饰，但在私下的生活里却用平价的单品打造出依然发光的自己，这就是低调不平庸的强有力证明。再者，并非所有爱美女生都是富家出身，所以平价的质感搭配是值得培养的一项技能。

打造低调有质感的要诀

Tip1：色彩搭配有层次。有层次感的搭配不仅体现在单品的组合上，在配色上也同样有着认真的考究。毕竟令人舒服的配色不是教条能规定的，不同的人会有不一样的欣赏角度，如果做不到惊艳夺目，那就先保持层次感吧。

Tip2：材质选择不盲目。好看的不一定是合适的，合适的不一定是有质感的，所以在搭配选择上需要注意时装材质上的配搭。不同的材质有不同的搭配属性，我们可以去欣赏艺术家，但在通常的出行上还是不要突破禁忌地去激发艺术效果为好。

Tip3：细节要有设计感。质感上的优秀并非只有知名度高的品牌设计才能体现，很多优秀的时装设计师也能绽放质感。如果想要表现自己的独特，可以选择那些细节处理精致或是别出心裁的设计。

Tip4：名牌单品用作配搭。意思就是说名牌的单品不是搭配的主要角色，而是以配角登场，这样既符合低调的属性，又能对整体的质感发挥积极的提升作用。

大牌质感单品推荐

大牌就要这样搭配

这一套的质感来源于配饰的精致与裙身印花的色彩饱和度。白色小翻领的连衣裙有着德式风情的严谨，同时又散发出温雅的书卷气；中袖的矜持，收腰修身的廓形，浪漫的情调无处不在；面料并不奢华，但挺拔的布面和明亮的色彩提升了贵气。配饰都是浅金色调，精致的切割面和清亮的白珍珠，光反射的色泽感非常雅致。深棕色高跟鞋和手镯皮面，与裙身上的色彩互相呼应，使整体搭配达到统一。

这一套的质感体现在有层次感的配搭上。浅蓝色的套头卫衣配皮质的花包及膝裙，宝蓝色的英伦矮跟踝靴，是运动气息浓郁的街头时尚造型；银色的手镯和耳钉，带有一点俏皮的朋克风；哑白色的细带单肩包，同样的清新色彩与简约的廓形设计相得益彰。整套搭配兼具男孩的率性与女孩的温柔，单看单品虽素雅，但将这些组合在一起，却是一道迷人的风景。

2. 品牌赋予个性的魅力

有生命力的时尚品牌才能经久不衰地活跃在时尚的舞台，它有自己明确的设计风格与品牌精髓，能让消费者感觉到自己与众不同，在其身上找到归属感，在不断成长的过程中它引领着潮流走向。

Burberry: 经典　英国 —1856 年

面料以米色、红色、黑色与白色等线条构成标志性格纹图案为特征，特别是一提到"风衣"便会联想到 Burberry，它俨然成为了风衣的代名词。极具英国传统的设计风格，令人过目难忘。

Chanel: 永恒　法国 —1913 年

标志性产品是斜纹软呢套装、针织开衫、人造珍珠项链、腰链及山茶花装饰，给人高贵简洁的时尚观感。有着百年历史的经典品牌，香奈儿永远保持着高雅、简洁、精美的风格。

Chloé: 浪漫　法国 —1952 年

浪漫而怀旧的便装和剪裁细腻的裤装，塑造洒脱、率性的女性优雅。当生活化的成衣品牌向贵族式的巴黎高级女装传统挑战之时，Chloé 创造出了简洁美观、可穿性强的现代成衣理念。

Calvin Klein: 休闲　美国 —1968 年

将简单利落的剪裁线条以及中庸的色彩发挥到极致，让穿着者演绎出极简主义与浓厚的都市气息和休闲随性的生活态度。现代极简、舒适华丽、休闲又不失优雅气息，这就是 Calvin Klein 的设计哲学。

Dolce&Gabbana: 新巴洛克　意大利 —1985 年

内衣外穿以及以豹纹为主的动物图案，呈现出强烈的对比，强调性感的曲线，如内衣式的背心剪裁搭配西装，是 D&G 的经典造型。西西里的古典浪漫结合意大利的万种风情，给人强烈的视觉冲击感。

Dior: 华丽　法国 —1947 年

注重造型线条，精致的裁剪，H 形、A 形、Y 形剪裁轮廓线条至今仍影响着时装界，把女性的纤细感浪漫展现。迪奥服装的设计，重点在于女性造型线条而非色彩，强调女性柔美的形体曲线。

Gucci: 张扬　意大利 —1921 年

品牌灵感源自演员、名媛等杰出女性，剪裁立体合身，繁复精细的材质拼接，时尚之余不失高雅，以"身份与财富之象征"品牌形象立足，一向被商界人士垂青。

Louis Vuitton: 精致的旅行家　法国 —1854 年

服装流畅的线条和精致的剪裁所呈现的都市风貌与 Louis Vuitton 手提包相搭配，体现精致、舒适的旅行哲学。严谨而又舒适的设计让服饰展现出最完美的模样。

Prada: 冷静　意大利 —1947 年

以制服风格作为灵感的 Prada 女装成为极简时尚的代表。在制作材料上乐于尝试，从空军降落伞中找到尼龙布料制作的"黑色的尼龙包"就是代表。

Versace: 奢华　意大利 —1978 年

汲取古典贵族风格中豪华、奢丽的特征，色彩明亮艳丽，采用高贵豪华的面料，借助斜裁方式，但保持着穿着舒适及体现体型的特质。Versace 的设计风格鲜明，是独特的美感和极强的先锋艺术的象征。

3. 经久不衰的**经典设计**

时装俨然已成为我们生活中不可或缺的一部分，每天出门上街，回家浪漫，我们都会花费时间和精力思考穿着打扮，既为愉悦自己心情，亦想博得他人的赞赏的呢？那么在时尚界，有哪些经典设计是我们应该必备在衣橱中的，永不会掉落流行链条的呢？

材质柔软，突显身材。无论是低胸透视，还是高领粗针，无论是外套，还是裙装，柔软的材质，紧密贴合身材，凸显女性曲线与气质；颜色缤纷，花案繁多，表现力超强，彰显个性；质地特别，百搭无碍，与丝质搭配显得优雅华丽，与皮革搭配显得狂野时尚，与布类搭配显得简单随意，与裘皮搭配显得高贵典雅，针织与针织搭配更显可爱个性。

这个从祖母时代就开始诞生的上衣单品，从来就没有退出时尚舞台，没有人会讨厌它的存在，简单地往头上一套，便可以轻松愉快约会出街。要想让套头衫能时尚吸睛，就要选择有加减法的设计，无论是拼接还是剪裁都可以变化；在材质上也可以有很多新意，可以是绸缎、棉布、皮革，亦可以是再生资源等创意材质。无论是一体式连衣裙还是层次感混搭，都能塑造出自己不同的时装性格。

风衣

　　在 19 世纪富饶的欧洲大陆上，恐怕没有哪个国家比英国人更想对抗无常的风雨天气了。由此，棉布被制造成组织细密的华达呢大衣面料，于 1856 年在托马斯·博柏利手中应运而生。起初风衣的设计是为了方便在雨中作战的士兵穿着，这是一份面对风雨和战火的极致优雅；而肩章和双排扣的设计，无一不是高级将领的装饰。到了和平时代，由于棉布便于塑形并且易染，使得风衣的多样款式成为可能，如今它更成为高端时尚的代名词。

感谢利维．斯特劳斯先生在 19 世纪风靡加州的淘金热中为矿工带来斜纹粗棉布，更让牛仔裤成为加州外来定居者的着装特色。它代表了一个野心勃勃的时代，能感受到的是那份永不褪色的自由灵魂。如今，牛仔裤上依然闪耀着西部的硬朗和野性的光辉，流苏、复古、高腰等元素的加入，令牛仔迸发出与众不同的魅力。

"小黑裙是每个女人衣橱里的必备之物。"这是 20 世纪 20 年代美国时尚杂志《Vogue》在 1926 年 Coco Chanel 推出小黑裙之后对所有女人说的。经典的黑色，简洁的廓形，不同的人可以演绎出不同的风格，这就是小黑裙的独到之处。黑裙于是成为连接下午和晚上社交生活的纽带，成为 Cocktail Dress 的代言词，所以在现实生活中的各种派对上它绝对是安全之选。即使经过一个世纪的锤炼，被无数设计师重新创新，它仍是红毯上最吸引眼球的。

夹克

　　小夹克绝对是"装腔族"必备单品。夹克以经典款黑色机车夹克为主，当然也有拼接款式的夹克、西装式夹克、印花夹克、飞行员运动夹克等。夹克这个单品早在 20 世纪初就开始流行起来，Coco Chanel 小姐的花呢夹克、小黑外套风靡全球，流传至今。随后 20 世纪的时尚代表梦露、赫本都有经典的穿着夹克的造型。

衬衫

　　衬衫的时髦百搭，复古、清新、美艳都能轻松胜任。无论宽松款式，还是紧身设计，都能打造出多样的风格，而带有女性气质的雪纺面料成了最佳的夏日着装选择。颜色上也不拘泥于白色，浅粉、红色、绿色都可以加入造型之中。搭配时下热门的阔腿长裤，或者紧身铅笔裙，都能让你成为人群中的焦点。

4. 能快速树立个人**风格**的标榜设计

衣装风格是一个人对生活、对自己的态度，亦是别人第一印象解读的主要着手点。而在时尚界中，时装品牌也有各自鲜明独立的代表风格，人们在寻找衣装归属感的时候会选择自己喜爱的时装品牌，彰显自己的时装性格。

1 Moschino

2 Balenciaga

Moschino 是以设计师 Franco Moschino 命名的已创立 20 余年的米兰年轻品牌，对于坚守实穿、优雅路线的米兰时装界而言，有风格戏谑的 Moschino 的存在实在是个例外。Moschino 设计风格以高贵迷人、时尚幽默、俏皮为主线，主要产品有高级成衣、牛仔装、晚宴装及服装配饰。Moschino 旗下共三个路线，分别为以高单价正式服装为主的 Couture、单价较低的副牌 Cheap&Chic 以及牛仔装 Jeans 系列。而最直接的辨识方式，便是找到粗体大写的设计师名字 MOSCHINO，它一定会出现在服装的布标上，或者偶尔也会变成服装上的图案。

Moschino 常常把他对世界和平的渴望与对生命的热爱放在他的服装设计中，所以在他的服装上常常会出现"反战标志""红心"和鲜黄色的笑脸，以及乍看很像奥莉薇的黑色剪影。他的设计总是充满了戏谑的游戏感与对于时尚的幽默讽刺。在 20 世纪 80 年代末，他就把优雅的 CHANEL 套装边缘剪破变成乞丐装，再配上巨大的扣子，颠覆大家对于时尚的传统印象。90 年代初，Moschino 本人去世之后，这个品牌的设计工作便由与 Moschino 一起工作多年的设计师群继负责，延续其反讽幽默的风格，每季推出新作。

创始人克里斯托巴尔－巴伦西亚加 (Cristobal Balenciaga) 于 1937 年开始在巴黎开设"巴黎世家"高级女装公司。其产品崇尚简洁、清纯和造型考究，它的主题产品有女士和男士提包、机车包、鞋子和时装。巴黎世家 (Balenciaga) 最著名的单品是尼古拉－盖斯奇埃尔（Nicolas Ghesquière）设计的机车包，特别是名为"Lariat"的那款机车包。巴黎世家的格调受到那些偏爱简洁服装的人士所推崇。克里斯托巴尔－巴伦西亚加设计的时装被喻为"革命性"的潮流指导，很多名流贵族都指定穿着巴黎世家时装，品牌的忠实客户包括西班牙王后、比利时王后、温莎公爵夫人、摩洛哥王后等，她们都是当年曾被世界各大时装杂志评选为最佳衣着的名人。

3 Givenchy

以华贵典雅的产品风格享誉时尚界 30 余年的 Givenchy（纪梵希），一直是时装界中的翘楚。它的 4G 标志分别代表古典 （Genteel）、优雅（Grace）、愉悦（Gaiety）以及 Givenchy，这是当初法国设计大师 Hubert de Givenchy 创立 Givenchy 时所赋予的品牌精神。时至今日，虽历经不同的设计师，但 4G 精神却未曾变动过。Givenchy 的品牌风格华贵典雅，爽朗谦和，再加上法国人的浪漫深情，是对古典主义的仰慕。Givenchy 旗下也是有着几个经久不衰的招牌元素，比如圣母图像、Rottweiler、星星元素、几何印花以及 2011 年引起了很大轰动的以动物为图案的系列设计（包括狗头、鲨鱼、天堂鸟等）。

广泛运用立体剪裁，各种优雅的褶皱与荡领，亮片装饰浮夸的面具，清一色平底凉鞋，色彩由暗色到明亮、浓烈，表现出现代而自信及 Givenchy 持久不变的精致优雅气质。

Fendi（芬迪）的品牌历史就是一个有关皮草的故事。Fendi 已经将皮草提升到了一个新的高度，提升了其风格、时尚度和品质标准。突破性的科技、前所未有的研究、玩味的色彩和创新的设计带来一场变革，将皮草变成现代且奢华的精美作品。1965 年德国设计师 Karl Largerfeld 加盟 Fendi。富有远见的 Karl Largerfeld 发明了"趣味皮草（FunFur）"这个词，终结了一个旧世界，让这个词很快与 Fendi 标志性的双 F 标识关联起来。芬迪在高级皮草方面一直相当知名，它总是能够制作出优质奢华的皮草，满足其全球各地拥趸者的需要。Karl Largerfeld 加入以后，Fendi 在皮草的开发上大做文章，使之皮草更加轻盈、柔软、耐磨，并不断创造出新的鞣皮和染色技术。为找到适合穿在皮草里面的衣服，她们推出了织物质地和设计都相当超前的 Fendi 成衣系列。不久，Karl Largerfeld 推出了与成衣相匹配的饰件，其中最著名的是 Baguette 手袋。此外，Fendi 还推出了以年轻消费者为对象的 Fendissime 服装系列。

4 Fendi

5. 更保值的设计

时尚的流行内容每一季都有所不同，优秀的时尚单品更是层出不穷。在考虑到自己的经济状况与生活需求后，并不能如愿地拥有所有自己喜爱的东西，所以在购物的时候我们应该擦亮眼睛，有甄有选，让入手的单品不只是好看百搭，更能保值或是增值。

衣袋篇

1

Louis Vuitton 之 Neverfull 手袋

最经典的 LV 款，是轻便、价格合理的休闲包，亦是可百搭的单品。它每年的价格上涨至少 10%。此款手袋容量超大，以耐用的牛皮作为肩带，而黄铜配件更带出浓重的古典气息。

投资理由：永不过时的经典款，价格每年都在上涨，有收藏价值。

Chloé 之 Marcie 手袋

深受明星喜爱的 Chloé 又一款经典"IT Bag" Marcie 手袋。金色小牛皮缀以强烈对比的饰边，手挽部分为纯金色的柔软皮革，极具节日气氛。即使搭配便服，也能为你的时尚带来不羁的感觉。

投资理由：IT Bag 的特别版。

2

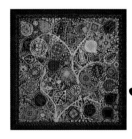

3

HERMES 羊绒真丝混纺披肩

近年来羊绒的价格一直在上涨，且羊绒又很经久耐用，所以应及早投资一件羊绒围巾或披肩。HERMES 羊绒真丝披肩以摄影师 Vicente Sahuc 的作品为灵感，再由能工巧匠制成，为秋冬的暗色调服装增加一抹亮色。

投资理由：集实用性与收藏性于一身的披肩。

Saint Laurent 2014F/W 秀款外套

经典时装品牌的外套一样具有超高的保值性能，这款黑色圣罗兰豌豆大衣采用了羚羊毛作为外套的衣料，在寒冷的冬日只需要披上一件圣罗兰的大衣便可抵御凛冽的寒风。

投资理由：由 Hedi Slimane 亲手操刀的成衣秀款，价值不言而喻，常是各大买手必争的设计师品牌。

4

饰 品 篇

1　MOVADO（摩凡陀）协奏曲镀金镶钻腕表

腕表对知性女子来说地位特殊，所以不如现在考虑下给自己添置一个。MOVADO（摩凡陀）协奏曲腕表采用了标志性的 Museum 博物馆珍藏型表盘和 18K 镀金不锈钢表壳，表圈镶嵌了 36 颗美钻（0.36 克拉），圆弧形的抗磨损蓝宝石水晶表镜，防水深度为 30 米。

投资理由：平价也能买到美钻腕表。

2　Longines 黛绰维纳系列精钢玫瑰金腕表

"黛绰维纳"是意大利文 DolceVita 译音，意思是"甜美的生活"。 2010 年推出了全新版本，以不同颜色的金结合精钢。这枚精钢玫瑰金的石英表（L178.2 机芯）饰以 32 颗 0.269 克拉上品韦塞尔顿 VVS 优质美钻，玫瑰金指针指示小时与分钟， 6 时位置有一个小秒盘，防水同样是 30 米。

投资理由：入门经典表款，玫瑰金和 32 颗 0.269 克拉美钻，绝对升值。

3　世界黄金协会"唯有金"系列纯金金饰

在稀有金属价格高通胀时代，金子无疑是最保值的物品之一。而金饰也早已脱离原有的老土造型。看看世界黄金协会"唯有金"系列里的这些黄金饰品吧，多么怀旧和文艺，知性女子佩戴了也不会被认为鄙俗。

投资理由：文艺女青年必备之真金项链。

4　Gucci ICON 系列戒指

其实不主张女人自己去买戒指戴，总觉得这个东西还是让男人送比较好。不过如果你是一个强势的大女人，需要在职场上呼风唤雨，这么 Gucci ICON 系列戒指绝对是不二之选。经典的 GG 标识，再配合 18K 白金、黄金或玫瑰金手工制作，或镶嵌钻石，将你的风格展露无遗。

投资理由：Gucci 品牌，价值无限。

6. 与时尚接轨的速度

借着价格低、款式新、更新快三大优势，ZARA、C&A、H&M、优衣库等快时尚品牌在国内的发展速度十分迅猛，产品线涵盖外衣、内衣、配件等领域，在款式设计上走国际大牌路线，还会不定期地与一线设计师或明星名媛合作，推出限量款产品。这些产品的价格虽然不算便宜，也不轻易打折，但与高档品牌和奢侈品牌相比，还是实惠不少。

成立于 1975 年　创办人 阿曼西奥·奥尔特加·高纳

ZARA 是西班牙著名品牌，是世界四大时装连锁机构之一（其他三个为美国的休闲时装巨头 GAP、瑞典的时装巨头 H&M、德国的平价服装连锁巨头 C&A）。ZARA 的优势在于它是全球唯一一家能够在 15 天内将生产好的服装配送到全球 850 多个分店的时装公司。ZARA是 Inditex 集团下的品牌，Inditex 是西班牙排名第一、全球排名第三的服装零售商，在全球52 个国家拥有 2000 多家分店。旗下拥有 ZARA、Pull and Bear、Massimo Dutti 等 9 个服装品牌，ZARA 是其中最成功的，被认为是欧洲最具研究价值的品牌之一。

成立于 1841 年
创办人　布勒宁克迈尔·克莱门斯和布勒宁克迈尔·奥格斯特兄弟

  C&A 是欧洲著名的连锁平价服装店，在欧洲每个城市都能看到。C&A 在中国打造各式创意生活品牌。旗下有 12 个各具魅力的创新品牌，涵盖女装、男装、青少年运动休闲装、童装等时装领域，专为不同的生活理念精心打造，从最前卫的流行风格到都市里的优雅装扮，提供无尽的风格选择。其多年来崇尚物有所值的指导思想，品质卓越的设计理念，深受全球追寻，并且受到众多个性和时尚品位人士的喜爱，并成为世界时尚零售行业中的领先品牌。欧洲纷繁复杂的文化、宗教和国家背景，让 C&A 品牌始终贯穿着一种神秘性。

H & M

成立于 1947 年　创办人 现任董事长斯蒂芬 · 佩尔森的父亲

H&M 来自瑞典的连锁服饰店 Hennes & Mauritz 的名字，是欧洲最大的服饰零售商，即使在经济萧条的情况下，业绩仍持续上升。H&M 没有一家属于自己的工厂，它与在亚洲、欧洲的超过 700 家独立供应商保持着合作。平价是 H&M 的一贯路线，产品多元，提供男女消费者以及儿童流行的基本服饰，同时售卖化妆品。公司把流行视为容易腐坏的食品，必须时时保持它的新鲜，因此公司力求将存货降到最低，而且让新货源源不绝。

成立于 1963 年　创办人 柳井正

　　优衣库 (Uniqlo) 是 Unique（独一无二）和 Clothing（服装）这两个词的缩写，以出售"低价良品、品质保证"为经营理念；内在涵义是指通过摒弃不必装潢装饰的仓库型店铺，采用超市型的自助购物方式，以合理可信的价格给顾客提供需要的商品。优衣库最著名的营销活动之一莫过于 WORLD UNIQLOCK，它基于网络整合的趣味原则，根据自己的品牌，为全世界的博客制作的一个功能 Widget，把美女、音乐、舞蹈融合到时钟这样一个工具上，以时钟为舞台展示品牌，从而建立起受众与品牌之间的链接。她们穿着 UNIQLO 今季主打的服装，五秒影片过后，再度进入下一个十秒周期。

7. 品牌核心观念

有思想的品牌才能有固定的购买者，制作工艺和优选材质是时装品牌受欢迎的重要方面，但品牌的核心观念是时装的灵魂，促使人们产生购买欲望的不仅是外表的美丽，还有它与身体合为一体所产生的奇妙反应。在生产设计中能不断传承和发扬品牌核心的时尚品牌，才是成熟的时尚女性要选择的。

● Burberry: 浓烈的英伦色彩

Burberry（博柏利）是英国老资历的服装品牌，满足顾客对"品味和风格"的需求正是博柏利设计的原动力。早期的猎装和钓鱼装必须有理想的防风雨效果，能承受相当大的风雨，同时又要有良好的透气性，博柏利服装满足了这一要求，提供优异的服用性能。传统的"博柏利格子"以及"新豪斯格"受到英国商标管理局的登记保护，目前已广泛应用在博柏利设计上，以 Prorsum Horse 为商标的系列配件、箱包、化妆品以及在瑞士制造的手表也都是典型的博柏利风格特征。如今，博柏利，这个典型传统的英国风格品牌已在世界上家喻户晓。它就像一个穿着盔甲的武士，保护着大不列颠联合王国的服装文化！

● KENZO: 时装界的雷诺阿

日本设计师高田贤三（TAKADA KENZO）的作品以少女青春纯洁的模样为出发点，就像雷诺阿的画一样，只有快乐的色彩和浪漫的想象，他因而被称作"时装界的雷诺阿"。世界时装舞台长久以来一直为鼻挺目深的欧美人所垄断，而高田贤三带着一点神秘、一点莫测，更带着震世的惊叹站到了这个舞台的中央。KENZO 不仅为欧美本位文化吹入了一股清新而渊长的东方之风，而且给在东方本土"奋战"的时装业同行以莫大的鼓舞与信心。1965 年，高田贤三开始了梦寐以求的漫长的西方之旅，他的作品融合了世界各大民族，不同的文化和风格，所以在 KENZO 的设计里会有浓郁的异国情调。KENZO 擅长玩弄色彩，使高饱和度色彩以最恰当的释放比例呈现，靓丽却不俗丽，对于颜色敏锐度的精准把握也塑造了它鲜明易辨的形象感。KENZO 在服装上最令人称赞的莫过于花卉图案的运用，这也是高田贤三在设计中所钟爱的图案选择，每季都会有不同的手法来呈现花朵的迷人之处。

Valentino: 永恒的优雅惊叹号

Valentino（华伦天奴）始终是奢华、优雅的曼妙化身，洋溢着梦幻般的视觉隐喻，一旦融入平和的现实生活，便幻化为个人感官与社会情绪的完美统一。创始人华伦天奴·加拉瓦尼（Valentino Garavani）是时装史上公认的最重要的设计师和革新者之一。Valentino 首创用字母组合作为装饰元素，他的"V"字开始出现在服装和服饰品上，甚至带扣上，正是这些首创的理念改变了时尚

的历史。从 1962 年在皮济广场上令人难忘的首次时尚秀，到 1967 年斩获时尚界的"奥斯卡"Neiman Marcus 大奖，再到 2000 年获得由美国时尚设计师委员会颁发的终生成就奖，他的创作和企业家生涯成为意大利时尚界的重要部分，他的名字代表着想象和典雅、现代性和永恒之美。Valentino 高级女装坚持着独特质料、奢华品质、精良剪裁、细节及饰品美轮美奂的设计，代表了意大利成衣艺术和制造的最高境界，坚守无与伦比的传统理念，同时对当下潮流有着独树一帜的理解和诠释，从而达到经典与顶级时尚的融合。Valentino 时装，为人们的日常生活树立了一个历久弥新的迷人时尚坐标。

Gucci: 恣肆中的美丽与尊贵

从 1921 年创立之初，Gucci（古驰）一直走的是贵族化路线，设计风格奢华且略带硬朗的男子气概，以生产高档豪华的产品著名，无论是鞋、包还是时装，都以"身份与财富之象征"品牌形象成为富有的上流社会的消费宠儿。从 20 世纪 40 年代末到 60 年代，Gucci 接连推出带竹柄的皮包、镶金属祥的软鞋、印花丝巾等一系列经典设计。其产品的独特设计和优良材质，成为典雅和奢华的象征，为索菲亚·罗兰及温莎公爵夫人等淑女名流所推崇。带有创办人名字缩写的经典双 G 标志、衬以红绿饰带的帆布包和相关披肩商品是 Gucci 最广为人知的时尚单品，从标志上的 100% 完美车工就足以知晓它对自身的严苛要求，Gucci 女装最鲜明的标记便是性感、耀眼、摩登。

8. 前瞻性的审美眼光

在时尚界，时尚单品从来都不缺，设计思维和审美品鉴是品牌发展的生命线，特别在人们接受的文化多渠道、多内容的今天，不同凡响、有预见性的设计更是备受喜爱，时尚的历史篇章需要这些浓墨重彩。在日常的搭配中，能够运用到这样的单品，不仅使质感上显层次，更可以彰显个性的摩登态度。

Maison Martin Margiela

梅森·马丁·马吉拉（Maison Martin Margiela）是比利时服装设计师，出生于比利时亨克，毕业于安特卫普皇家艺术学院。个人品牌 Maison Martin Margiela 于 2009 年正式宣布推出。他深受日本先锋设计师时尚教母川久保玲之影响。Maison Martin Margiela 一向以解构及重组衣服的技术而闻名，"解构鬼才"就是指他。他锐利的目光能看穿衣服的构造及布料的特性，如把长袍解构并改造成短外套，以大量抓破了的旧袜子造成一件毛衣。Margiela 的设计除了极具环保概念，更令人感到讶异的是其作品背后隐藏着设计师无穷无尽的想象力，他也一直使用旧衣架、旧人像模型来陈列其新设计。对于 Maison Martin Margiela，大家最熟悉的应该是其每季必推的艾滋 T 恤 （AIDS Tee），曾推出的颜色多达数十款，亦早已成了不少潮人的收藏品。虽然 Maison Martin Margiela 品牌服饰不像 Berhard Willherm 般夸张，但亦绝对衬得起一个"怪"字。

Viktor&Rolf

Viktor&Rolf（维果罗夫）的设计师是来自荷兰的二人组维克托·霍斯廷（Viktor Horsting）和罗尔夫·斯诺伦（Rolf Snoeren），二人都生于 1969 年，一样地充满活力。二人组带着荒诞的风格不期而至，掺杂着巴洛克风格，与当今崇尚简洁的抽象派艺术大相径庭。他们使用大量的配饰，殚思竭虑，把时装带进一个奢华的境界。Viktor&Rolf 一直坚持高级定制不是设计给走红毯的明星也不是给贵妇，而是要像艺术品一样兼具高深设计理念和绝对的美感，他们喜欢大玩概念主题。在 2014 秋冬高级定制秀上，更是用难缠的、跟时装扯不上边的红毯面料来制作成廓形感十足的高级定制服，不仅做到了将这些一体面料打成蝴蝶结，还在其上手工镶嵌了斑马纹、豹纹图案装饰，300 小时的手工制作工时丝毫没有夸张。虽然件件是红衣，却通过蝴蝶结装饰、廓形和面料的变化让件件红衣都值得玩味。如此概念化的高级定制设计理念，非但不乏味沉闷，还非常值得一品，这就是 Viktor&Rolf。

Rick Owens

Rick Owens（瑞克·欧文斯）的设计强调建筑架构的外套和著名的斜纹剪裁，低调地包裹着身形，利落的讯息在完边处传达出来，极简主义的色彩运用和摇滚施客味道的不对称层叠设计是 Rick Owens 的招牌设计。Rick Owens 是设计师同名品牌，1994 年于美国洛杉矶创建品牌，从 2001 年开始崛起，它丰富创意的哥特式设计令包括麦当娜在内的大明星都相当喜爱。Rick Owens 对经典好莱坞电影情有独钟，被称为 "歌德式极简主义"，设计出神圣女祭师服。Rick Owens 曾说："衣服是我的签名，它们是我期待捉摸到的冷静高雅，它们是温柔的表现，和不寻常的自傲，它们是活力充沛的理想化现象，也是不可忽视的强韧。"

Alexander McQueen

Alexander McQueen（亚历山大·麦昆）的设计是极其精密、微妙、敏感的。当年以一款几乎要看见股沟的极低腰裤，震撼了整个流行界，大胆的性感，让许多人为之疯狂。它的设计总是妖异出位，极具戏剧张力，常以狂野的方式表达情感力量、天然能量、浪漫但又决绝的现代感，具有很高的辨识度。在单品上总能看到两极的元素融入一件作品之中，比如柔弱与强力、传统与现代、严谨与变化等。细致的英式定制剪裁、精湛的法国高级时装工艺和完美的意大利手工制作都能在其单品中得以体现。Alexander McQueen 说："在我的时装发布会中，你能获得你参加摇滚音乐会时所获得的一切——动力、刺激、喧闹和激情。"标志性连衣裙外套、紧身腿裤和沙漏轮廓的剪裁，底层蕾丝上花朵、鸟类的细节处理，脚踝上包裹的蕾丝，多彩的印花布，适合野外的夹克、护腿和茧形的礼服，这些都是时尚史上难以忽视的创新。

Chapter 5

只要买对，一件就能扭转乾坤

要记住，买对衣服永远比穿对衣服更重要，因为只有买对了才有资格将衣服穿到身上，所以在为自己打造时装风格的第一步里，买好衣服就显得尤为重要了。其次，一身平庸的搭配若是没有一处精致的细节或是亮眼的重点，那么这套搭配便是失败的，令人惋惜。因此，只有买对了单品，哪怕是一件，也能扭转乾坤，让你变成人见人爱的万人迷。

Section 1
臀部比较丰腴，怎么穿才能化缺点为性感

带有千鸟格或者马赛克元素的裙装能够修饰身材的缺陷，转移视觉重心。裙装的腰线上提，裙身扩大，能够遮挡比较丰腴的臀部，同时还有提臀的效果，一举两得。

黑色皮革拼接的束腰设计能够将腰线向内收紧，转移视觉重心，同时下部分裙身的 A 形设计能够遮挡较为丰腴的臀部，让你看起来纤细、苗条又时髦。

纯白色的中袖上衣作为印花短裙的陪衬，将短裙时髦靓丽的廓形展现得淋漓尽致。同时短裙的高腰穿法，能够将腰线上抬，达到改善比例的效果。

Section 2
总是觉得腰部比例很奇怪，应该怎么穿

白色的紧身衬衫能让你的腰线更加明显，配合高腰 A 形裙的束腰穿法，能够极其轻易地将原本腰部奇怪的比例修饰得无比准确。

Section **3**
上宽下紧的穿搭方式
绝对适合大多数人

通过服装的搭配可以改变全身穿搭的轮廓。紧身的黑色包臀裙有收缩效果，与粉色蓬松外套的搭配，将轮廓变成上宽下窄，适合每一位美女借鉴。

灰白色系的套衫在视觉上会比实际的尺码更大一号，显得宽松舒适的同时还能遮挡不想被人看到的赘肉，黑色紧身皮裤与尖头切尔西靴的搭配使得下半身紧致显瘦。

上衣的宽松尺度应既能显现出胸部的线条，又不要紧致得包裹整个上身；下身无论是裤装还是裙装，都需要勾勒出臀部的线条，因为这是女性衣装上首当其冲的特质，所以这对于大多数女性来说，都要谨记。

宽松的蓝色丝绸上衣最出色的设计便是几近中袖的设计，它能让人看起来更加放松、舒适，同时能够遮挡手臂上烦人的赘肉，搭配超紧身的包臀铅笔裙，上宽下窄的廓形非常亮眼。

材质舒适的纯棉宽松上衣搭配黑色瘦腿的紧身裤，上宽下紧的廓形能够让你的下半身更显纤细紧致，搭配一双极具特色的镂空粗跟踝靴，舒适的休闲风绝对令你怦然心动。

Section 4
有层次地运用黑色在显瘦的同时更迷人

材质舒适、有吸光质感的九分袖上衣搭配黑白格长裤，层次立现，同时搭配黑色鱼嘴鞋，又提升了全身穿搭的质感，最后以一枚黑色手袋收尾，极致摩登的搭配让人心醉。

三种不同材质、不同深浅的黑色营造出不同的层次，简单的黑色纯棉上衣舒适休闲；下半身的短裙有着丰富的渐变细节，不同的明度让黑色富有层次感；鞋子的漆皮黑也相当迷人。

　　以下两套搭配均是以率性的裤装为主心骨，所以在上身的选择上，要凸显层次感，既可以通过外套上材质的拼接，又可以利用黑白配色打造立体效果，当然在配饰上可以选择浅一色阶的单品。

　　经典的黑色吸烟装拼接皮革领边，打造极致的黑色层次奢华质感，黑色的紧身瘦腿裤与踝靴的搭配更加摩登时髦，同时黑色格纹手帕是整套搭配的点睛之笔。

　　黑白无彩色的穿搭是最显瘦的穿搭法则，黑色的钟形斗篷搭配黑袖口细节白衬衫，干净利落，搭配黑色贴身剪裁的西裤与尖头高跟鞋，凸显简约、经典。

Section 5
紧身不等于显瘦，穿大一号单品逆转体重

　　超大号的金色嘻哈风格卫衣宽松又舒适，衣服的长度将臀部也一起盖住，搭配成套的紧身裤和厚底的运动鞋，能够让原本大一号的单品穿出瘦小娇俏的感觉。

　　大一号宽松的驼色大衣，虽然看起来肥大宽松，但是它的剪裁利落，穿上身后会将身材修饰得更好，搭配A形裙，会让你显得更加娇小，更加轻盈。

　　有廓形的外套既具备一定的摩登度，又是遮饰身材的好武器。复古的鞋款也是扮美脚的好装备，在下身的选择上，无论是同色系的搭配还是撞色系的搭配，都能很好地帮助在视觉上消瘦自己。

　　宽松的绒面外套看似肥大邋遢，但上身的效果绝对让自己的身材尺码小一号，搭配宽松的西装裤，帅气又个性，让自己娇小可爱的魅力得到释放。

　　宽松的大衣与窄腿裤的搭配，休闲但不失庄重，再与松糕鞋进行呼应，时尚气息扑面而来。

Section 6
利用单品拉长双腿
就能实现高挑愿望

　　并不是只有显瘦的紧身牛仔裤和短裤才能让你实现高挑愿望，只要把握好对服装线条的控制，利用大量明显的竖状线条，即使是及地长裙，也能让你纤细挺拔！

　　细跟尖头的及踝靴是成就修长双腿的秘密武器，它能有效地将腿部的线条拉长，同时搭配黑色的高腰机车皮裤，将腰线抬高，增高效果更加显著。

　　在挺拔身线的塑造上，无论是通过立体剪裁的创意设计来隐约修饰，还是通过赤裸呈现的几何线条来直接修饰，都可以发挥出让你既达成愿望又平添气质的作用。

设计感十足、带有地中海风格的时装，大量的纵向线条刺绣设计、裙装的口袋斜边设计以及裙中央的拉链细节都是能让双腿拉长的好办法。如果配合尖头的裸背高跟鞋，那更会是相得益彰。

　　想要利用竖线条和紧身的单品来拉长双腿吗？这个方法只是最基本的穿搭方法哦，请尝试一下单边饰荷叶边的单品吧，利用宽大的荷叶边线条与尖头高跟鞋拉长你的双腿。

Section 7
适当留白
是好品位的开始

　　纯净的蓝与素雅的白相交成的格纹连衣裙清纯、简约，根本无需繁杂的配饰，只需要一条雪白的腰带收腰和一双白色的高跟鞋提亮腿部肤色，好品味自然由内而外散发开来。

　　想要展现非同寻常的品位，学会留白是必需的，干净素雅的白色连衣裙，搭配金色流苏与金色的皮带显得高贵优雅；搭配金色的晚宴包与高跟鞋，美不胜收。

白云、绿地绝对是大自然最美的风景，所以在时装上色彩若将这两点运用得当，便是好品位的自然体现，更不用说白云色的提亮功能与生机绿的优雅清爽。

简单随性的艾绿色衬衫舒适清爽，搭配棉质的墨绿色中裙，束腰的穿法修身、抬高身线，再搭配银白色的布洛克鞋，简单不做作又凸显品位。

将能够提亮肤色的纯白衬衫与粉绿裙子搭配是最好的选择，衬衫的袖口拼色与裙子极度搭配，大面积的留白展现出你优雅自信的品位。

Section 8
没有重点的搭配
永远是路人

经典时髦同时又非常抢眼的 A 形小伞裙简直就是走在街上吸睛的法宝。如果不想成为可怜的路人甲，经典抢眼而又有重点的搭配，才能让你成为万众瞩目的目标。

大号超抢眼的复古戒指搭配紧身包臀裙，时髦又高贵，再穿上一双切尔西高跟靴，则是绝佳的搭配。

　　无论是整一套的柔亮色块，还是发散光芒的装面设计，都是吸人眼球的决胜法宝。若这两套还合宜自己身线的话，那就尽情享受出街之时被人们的眼神自愿点赞的快感吧！

　　对于套装的搭配来说，将重点放于下半身是非常明智的选择。不管是在办公室还是在上班的路上，宽大而剪裁有型的粉色西装裤都会让你成为众人瞩目的焦点。

　　绝对吸睛的星空光芒黑色连衣裙在晚会中绝对是精妙绝伦的主角，如此抢眼和极具个性的裙装只需搭配简单的手包和高跟鞋就能够光辉熠熠。

Section 9
该露则露
是显瘦秘诀

　　想要显瘦，总想靠紧身的衣服来包裹
自己以达到这种目的，现在已经不流行了。
V 形抹胸设计将上身线条向内缩，裸露的
肩膀会让人看起来更加娇俏，同时收腰的
设计也能更显瘦。

　　极具特色的裸肩设计的晚礼服绝对是营造
性感氛围的秘密武器。在侧腰开口的细节露出
的肌肤与斜肩露出的肌肤相对称，可将身材比
例 营造得非常完美。

　　收腰设计的 A 形小礼服有修饰臀部与大腿线条的作用，选择上佳质感的面料带来强烈视觉冲击，高腰且收腰线条的设计塑造出精致比例。偶尔大胆地展露光滑的肌肤定能产生绚烂的吸睛效果。

　　极为衬肤的鲜红色洋裙简直就是营造性感身材的杀手锏，极细的肩带裸露出胸部以上所有的肌肤，同时背后挖空的设计将性感的美背展露无遗。

　　极其抢眼的电光墨绿布料根本不是重点，重点在于前后双深 V 的设计，能够让你雪白漂亮的胸部和性感的美背展现出来，独特的收腰设计，腰间镂空黑色薄纱使腰间的皮肤若隐若现，极其性感，极其显瘦。

Section 10

把直线引导至纵向线条
看起来更加修长

　　利用黑色的超短裙与加长的黑色竖状
条纹薄纱组成的长裙，能够有效地将腿部
的线条拉长，同时长纱柔顺的垂感能让女
生更显轻盈、高挑。

　　上装极简利落的纵向剪裁可以让身体在视
觉上显得更加纤细，搭配百褶中裙束腰的穿法
可以拉长腿部的线条，全身纵向线条的搭配看
起来非常干脆利落，更显修长。

建筑设计对时尚圈的影响是最不能忽视的，特别是在时装设计中经常见到显目或隐约的运用，而在身材的修饰上也要运用这一理念，学会在配搭上把直线引导至纵向线条，打造修长视觉。

想要让自己的身材看起来纤细修长，条纹衬衫绝对是帮你实现愿望的最好办法，竖条纹衬衫搭配中折线明显的西裤可以轻松地的将全身的线条拉长，如果再配合浅色系的单品能够看起来更瘦。

设计感强的几何图形长裙的裙摆竖状摺边设计能够让身材看起来更加修长，同时裙身上黑色的集合图形边角垂直向下，非常富有趣味性，乳白色的象牙耳坠也是让自己身材更加修长的秘诀。

Section 11
个性太强的单品必须用
平凡单品来陪衬

对于一条过于抢眼的高腰长裤来说，最好选择一件非常简单、素雅的白色衬衫来搭配，干净舒适的底色才能将裤子上极具特色的花纹衬托出来。

极具设计感的秀款单独挑出来看已经极为抢眼，繁复的印花细节设计充满了趣味和时髦，因此，为了充分展现这套衣服的特色，配饰都必须从简。

　　在结构上面有新颖感或在视觉上面有吸睛感的设计，自然是彰显个性、表达自我的有力单品，但是作为有智慧的时尚女人，是不会以堆积新奇来装扮自己的，因为她们懂得美是需要衬托的。

　　鲜黄色抢眼的卡通图案肩包让人眼前一亮，已经足够有特色的单品不需要再用过多有个性的单品来搭配，否则会让人眼花缭乱。

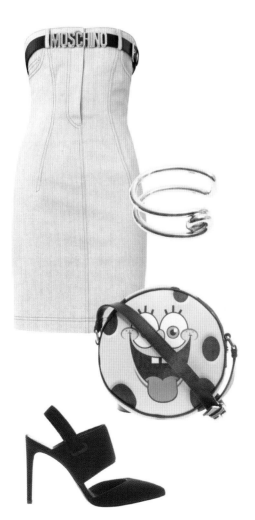

　　极为抢眼的红色抽象印花 T 恤已经是全身搭配的视觉中心，故其他的配饰应尽量从简，并且为了避免颜色的繁杂，选用黑色与金色作为协调服装的搭配会更有品味。

Section 12
材质协调才能
给造型加分

　　简洁优雅的两件套成功地搭配成小黑裙式的赫本风格，裙摆上几朵小小的花朵饰品功不可没。只要掌握好材质与布料的协调关系，你就是穿搭女王。

　　上装与下装都是混纺材质的服装，质地舒适，才能给人优雅大方的感觉；配饰极度简约时髦，环形的珍珠耳环是整个造型加分的重点，提升了整个搭配的质感。

选用相得益彰的单品是气质搭配的理想策略，这不应仅停留在衣装的款式或廓形的设计上，更应该上升到对布面材质的理解上。设计师是衣装模样的锻造者，而我们却是利用衣装的先行者。

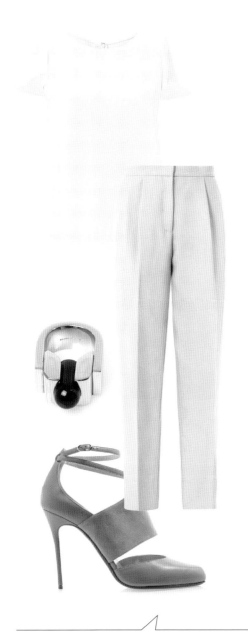

时髦红色印花连衣裙搭配香槟色极其好看，精致的首饰与衣服的搭配相得益彰，简约的链条包和珠饰高跟鞋亦堪称经典。

材质舒适的棉质乳白色 T 恤搭配聚酯纤维粉色长裤，在视觉上看起来非常缓和，与麂皮细跟细带高跟鞋极为搭配，配饰的材质与服饰质地相协调，给全身的造型大大加分。

Section 13
别把中性单品
穿得太严肃

本想用中性的服装把自己打造成女强人的样子，但是材质柔软贴身的皮质拼接上衣却又将女性柔美脆弱的一面展现出来，帅气中不失柔美，把女性的中性风诠释的恰到好处。

挑选中性单品的时候应该多注意中性单品中女性化的细节，黑色衬衫领口秀气的设计与黑色长裤的贴身剪裁都成功避免了太过严肃的中性风。

如果你的男孩气打扮完全遮掩住了女生的柔美特质，甚至还可用帅气、俊美等形容词来形容这身打扮，那么你真的由内而外把自己当汉子了。但是，作为时尚女人，千万别这样做，再中性的装束也要保留女性特有的柔美质感。

男孩气格纹衬衫的收腰设计让女生尽显曼妙的身材，深蓝色的卡其布裤与白色罗马凉鞋也透露出男生的气质，但是颜色温和的肩包柔和了过于严肃的中性风。

非常喜欢双排扣西装带来的帅气感觉，但又怕穿出来显得太过于"男人"，那就尝试一下非常有新意的混搭吧，蓝色格纹双排扣搭配粉色亮面质感的长裙是非常不错的选择。

Section 14
比当下年龄年轻 3 岁的穿法最减龄

年轻化的装束并非刻意以满身卡通图案扮幼稚；也无须辛苦挑选粉嫩色系的服装来证明自己仍青春鲜嫩，只需简洁明快的服饰，即可实现减龄效果。

减龄不一定非要从头到脚都穿着粉嫩色系的服饰，只要简单的一件字母罩衫就能够让你轻松地减龄 3 岁。

如果你过了扮成熟装大人的年纪，那么你一定想要方设法给自己减龄，首先要从外形做起，从发圈到足尖，每一项单品都可以满足你的这点小心思，但前提是你得先做一个会搭配的女人。

粉嫩的长款衬衫绝对是减龄的必备法宝之一，配合水洗蓝牛仔裤的穿搭仿佛给人一种年轻粉嫩的少女感觉，再搭配造型简单的藏蓝色手拿包，绝对让你显得青春且充满活力。

想要知道减龄的秘诀，穿对小格子 T 恤是关键，菱形的黑白粉印花小 T 恤既修身又可以把自己打造得更加年轻，一个漫画风的手拿包轻松让你减龄 3 岁。

Section 15

身材越好，佩饰需要得越少

简单的黑色蕾丝上衣将性感曼妙的身材层层尽现，根本无需繁复的搭配与首饰来营造身体凹凸的线条。

身材好的女生最适合短款的上衣，它能最大化展现女生性感的腰线和紧实的胸部，再搭配白色的高腰裙装，会使女生看起来非常简洁、时尚。

没有绝对的好身材，但有绝对的好搭配。若你拥有了一副好身材，那么你一定不要走上妄自菲薄和不可一世的道路，因为好身材只能更出彩而，而不是失色浪费掉。

这身短款露脐的字母 T 恤绝对是展现你健康阳光身材的最好单品，搭配高腰短裙会让你的小蛮腰更加迷人，搭配一双凉爽帅气的罗马鞋，让你更加有活力。

粉嫩甜美、简单利落剪裁的粉色洋装是最能展现拥有好身材的女生的服装，无需多余的配饰，只需要一条裙子搭配一个简单可爱的小包就已经足够。

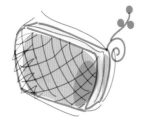

Chapter 6

用对的单品驾驭
每个场合

　　穿衣打扮和出席场合永远都是密不可分的，国家元首永远都不会穿着休闲装出席国家会议，女明星也不可能穿着红毯礼服回家吃饭。因此，对的单品要出现在对的场合才能适宜，但是作为爱美的你，仅将对的单品用在对的场合仍是不够的，用单品驾驭每个场合才是王道。

Section *1*

约会 公主款长裙 PK 乖巧系百褶裙

公主款长裙带来的甜美感是短裙无法取代的，优雅的弧度搭配同样甜美又性感的黑色蕾丝上衣，一定能够让你在约会的时候表现出最佳气质。两件单品都是百搭单品，同样可以运用在其他场合。

推荐款式

场合穿衣贴士

tip 1

约会时选择的连衣裙要长度适中，如果要表现性感气质，那么可以选择镂空或是蕾丝的款式，过短的下装会让约会遇到尴尬的场景。

tip 2

选择长款的裙装时要注意花色和材质，过于繁杂的花样会让人看上去很老气，而过于蓬松的材质其实也并不适合约会时穿。

tip 3

约会的场地，同样是约会穿衣时必须考虑的重要因素之一。如果只是去优雅的餐厅吃饭，那么就可以选择较为精美的套装出席。

连衣裙从来都是女生衣柜里必不可少的单品，约会时穿上一件简单素雅的连衣裙，是最简单也是最安全的选择。

Section 2
求职 中性西装长裤 PK 紧致七分裤

中性西装长裤搭配质感白色半透明棉质长袖 T 恤，率性气质又带有几分女性的柔美，能够让你在求职时展现出干练的气质，同时还会拉近与考官的距离感。

推荐款式

场合穿衣贴士

tip *1*

如果你选择非常正式的西装外套出席面试或是其他求职场合，那么一定要选择符合自己身形的款式，过宽或者过窄的西装外套都是不完美的穿着表现。

tip *2*

西装长裤是出席求职场合的必备单品之一，但是如果你的身形比较矮小，那么就不要轻易尝试长款的裤装，可以选择七分款式的西装裤。

tip *3*

并不是所有的中性款式都适合求职场合，根据自身的气质特点和身材优势，选择一两件中性单品搭配简约柔和的款式，同样能够打造出别样气质。

略微紧致的七分裤，竖状条纹印花使裤子更具有时尚感，搭配简约的白色衬衫，领口处精致的设计让衬衫更加出彩，同时使得整体造型更加利落完美。

Section 3
旅行 混搭运动装
PK 西式短打套装

一双运动鞋搭配运动感裙装，混搭运动装让你轻松行走，轻便自如的同时又保持住了柔美风格，这是每一位女生都可以把握的造型风格。

推荐款式

场合穿衣贴士

tip 1

女生要根据旅行的地点来准备衣着，但是运动装和裙装一定都要携带，它们能够应对不同的场合，为你打造出时尚造型。

tip 2

旅行可以根据地点来选择不同的搭配，如果在岛屿旅行的话，可以选择飘逸的长裙，漂亮的防晒衣也是不可缺少的。

tip 3

如果行程中途需要长时间走路，则不建议穿过高的高跟鞋，精美简约的单鞋就是很好的选择，搭配牛仔裤和简约上装就足矣。

具有异国风情的短裙非常适合在旅行时穿着，搭配简单的纯色上衣，就能够打造出时尚造型，旅行纪念册中一定能留下满意的照片。

Section 4

派对 **不规则剪裁单品**
PK 热辣亮片短裙

不规则剪裁的裙装会让你成为派对中的焦点，个性的图案和抢眼的色彩正好迎合了派对的欢乐气氛。

推 荐 款 式

场合穿衣贴士

tip 1

不规则剪裁、亮片装饰这些都是可以被派对接受的装扮，打造出你的个性派对装，才能够更好地享受欢乐的派对。

tip 2

套装并不是不可以出现在派对上，色彩明快、个性印花、裁剪独特的套装同样适合派对氛围，同样能够展现出你的个性气质。

tip 3

过于裸露的装扮其实反而会让你在派对中感到不适，因此选择适当露出肌肤的款式，例如一字肩、斜肩就能够打造出最佳的性感气质。

派对也可以展现你的性感气质，黑色的简约套装让你展现出最佳气质，活泼的黑色短裙也不会让套装在派对中显得太过单调。

Section 5

宴会 大廓形单品
PK 流线式连身裙

一件大轮廓单品就能够满足宴会的需求，简约大气的连衣裙，搭配一双精致高跟鞋，就可以使优雅气质尽情展现，拼接和镂空设计让连衣裙不再那么单调。

推荐款式

场合穿衣贴士

tip **1**

宴会场合不一定穿得过分华丽和隆重，其实一两件精致的饰品就能够将简单的连衣裙衬托出别样的气质，因此宴会着装的配饰很重要。

tip **2**

出席宴会穿着的高跟鞋不需要过高，以防行动不便。但是如果你选择长裙款式的晚礼服，也可以搭配隐藏在裙下的较为高跟的粗跟鞋。

tip **3**

如果想要成为宴会的焦点，艳丽的颜色并不能很好地展现你的气质，倒是裁剪独特的款式更能够让你吸引住人们的眼球。

黑色永远是正确的选择，黑色的流线式连身裙能够更好地展现出优雅的身段，同时搭配一些肩部的饰品或是项链，都是不错的选择。

Section 6

逛街 改良休闲式套装
PK 露肩不对称 T 恤

带有复古气质的深色套装，衬衫气质
端庄，印花短裙更有别样的风格，整体套
装休闲、舒适、独特，非常适合逛街时穿着。

推荐款式

场合穿衣贴士

tip *1*

逛街是女孩子们展现自身造型的绝好时机，因此完全可以选择自己喜欢的别致造型出街，一定能够得到同伴和路人的赞许。

tip *2*

行动不便的超短裙和紧身、束身装不建议穿着出街购物，因为会给身体造成负担，不便于行动的穿着还是尽量避免。

tip *3*

如果你的逛街目的明确，需要马不停蹄地购物，那么用运动鞋或是平底鞋搭配出的时尚造型也是不错的选择。

简单却又别致的白色连衣裙，可爱的泡泡袖设计和口袋设计，让连衣裙多了几分可爱和俏皮，逛街时穿着，显得既可爱又舒适。

Section 7
婚礼 简洁连衣裙
PK 质感分截式套装

简洁的连衣裙搭配质感项链，优雅简单的打扮让人显得更加清新、柔美。如果你想在婚礼上保持低调，同时又保持自己的气质，那么这样简洁的连衣裙就是最好的选择。

推荐款式

场合穿衣贴士

tip 1

婚礼上要展现出自己的最佳气质，但是也不能抢了新娘的风头，尽管你有姣好的面容和身材，也应尽量避免过于高调的打扮。

tip 2

碎花、条纹、拼接这些款式都是婚礼上可以选择的套装花色，它能够让你在展现出良好气质的同时又不会显得过于花俏。

tip 3

其实出席婚礼同样可以选择黑色的装扮，黑色蕾丝、纱织等款式的着装同样可以作为出席婚礼的装扮。

质感套装能够展现出你的最佳气质，黑白色不会过于鲜艳，同时又能够维持时尚感，简洁质感的装扮一定是出席婚礼不错的选择。

Section 8
购物 男友牛仔裤 PK 利落打底裤

　　清爽利落的裤装，搭配简单的白色上衣，青春减龄的造型一定能够让你在购物的同时，保持最佳造型感，简单的搭配其实最有实效。

推荐款式

场合穿衣贴士

tip 1

　　购物时的穿着以轻便为佳，方便行动的同时能够让你展现最佳身形，轻松的装扮非常适合随性简约的女生。

tip 2

　　牛仔裤是每个女孩子的日常必备，一件合身的牛仔裤搭配一件简单的T恤就是最舒适的购物装扮，能够让你轻松欢乐地享受购物。

tip 3

　　出街购物不需要穿得过于繁琐华丽，过于严苛的打扮反而会让同行的人感到压力和不适，轻松自如的打扮最得人心。

　　想要在购物的过程中得到旁人赞许的目光，经典的黑白色搭配是最好的选择，一条质感黑色条纹 A 形裙，搭配一件简约的白色衬衣，简洁又大方。

Section 9

出差 极简套装
PK 利落合身裙

　　出差的聪明装扮是携带"百变单品"，一件西装外套能够使你在和客户谈判时表现得体，蕾丝设计让西装外套更加百搭，能够应对出差过程中的任何场合。

推荐款式

场合穿衣贴士

tip 1

出差不需要带过多的衣服，百搭款式是最佳选择，裤装和裙装都是必需的。舒适百搭的上衣和外套要根据出差的时间长短来决定携带的数量。

tip 2

不建议携带过于繁琐的款式或是过于特别的款式出差，因为你可能会找不到它们的用武之地，同时还有可能给你带来不必要的麻烦。

tip 3

出差时不建议携带过多浅色的衣服，除了容易弄脏之外，也不利于造型的打造，深浅衣服都携带才是明智之举。

一件风衣就能够满足出差行程的各种需求，风衣是春秋季的最佳出差伴侣，同时又能够应对天气的突然变化。

Section *10*

下午茶 可爱公主裙 PK 优雅轻熟装

下午茶是享受优雅的时光，在这个美好的时间，当然也要将自己用心打扮一番，纯净的白衬衫搭配可爱甜美的短裙，清新质感的造型一定能够让你好好享受下午茶的甜美。

推 荐 款 式

场合穿衣贴士

tip 1

虽然是舒适闲散的下午茶时间，但是在穿着打扮上也不能过于居家松塌，适度的造型感还是必须遵循的穿衣之道。

tip 2

简单适度的搭配就能够打造出个性的下午茶造型，过于繁琐的配饰反而会模糊造型的重点，下午茶不是音乐节，过多的配饰只会打扰下午茶的安静时光。

tip 3

下午茶是属于每个人的休闲时光，选择自己觉得最舒适的衣服，同时又不失礼数，这就是最好的选择。

大红色显得过于喜庆，那么就选择最为简单的裁剪，再搭配一条印花丝巾，让造型带有轻熟质感，非常适合周末和友人相约咖啡店，享受下午茶时光。

Section 11

家庭聚会 舒适棉麻单品
PK 柔色针织套装

　　舒适的棉麻单品非常适合家庭聚会时穿着，简单的长裙柔和优雅，同时也不会造成行动不便，简单的印花带来的甜美感也会让你在家庭聚会中人气倍增。

推 荐 款 式

场合穿衣贴士

tip 1

出席家庭聚会时，如果你穿着"奇装异服"，那么家人一定会向你投来异样的眼光，选择长辈们都能够接受的款式才是最佳选择。

tip 2

只是和家人之间的聚会，所以就不需要过于华丽地打扮自己，否则会让长辈们感到不适，适度的打扮和简约的款式是明智之举。

tip 3

如果家庭聚会是美食大会，那么就不要选择过于紧身的上衣，除非你能够控制住自己的食欲，同时对自己的身形有百分百的自信。

柔和的粉色非常适合家庭聚会，简单的套装能让你具有优雅的气质，选择简洁的款式出席家庭聚会，能够使你更好地融进温暖的家庭气氛中。